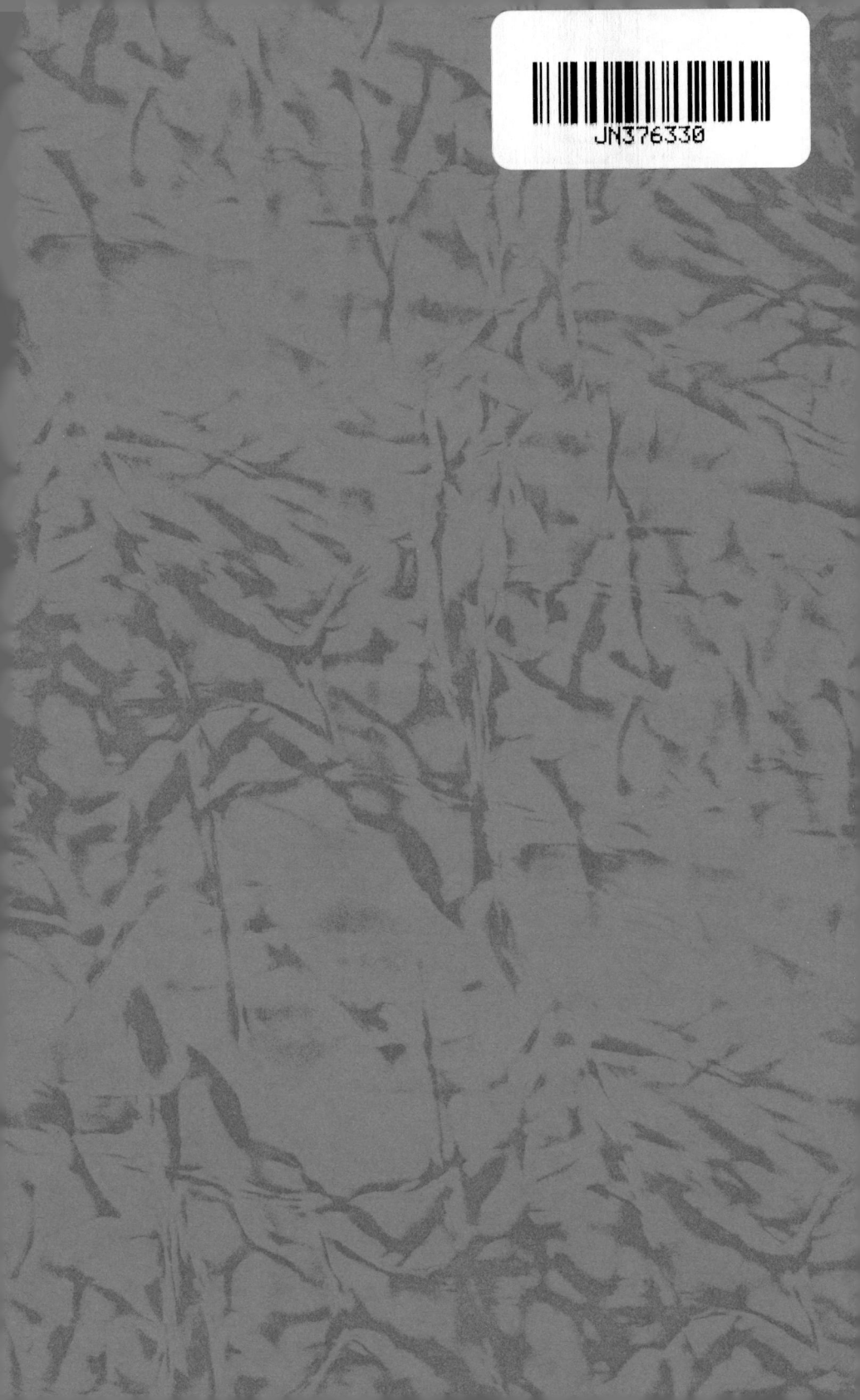

초능력과 영능력개발법
❷

루스 베르티 저
안동민 편저

서음미디어

머 리 말

 '서투른 무당, 사람 잡는다'는 말이 있지만, 흔히 말하는 영능, 최근에 초능력이라 불리는 심령적 능력이야말로 개발되지 않으면 위험이 따른다.
 역자는 초능력의 개발을 다룬《이것이 초능력이다》(호라스·리프 저)를 번역한 적이 있지만, 그때도 후기에서 지적한 바와 같이 호기심부터 시작하면 돌이킬 수 없는 상황이 될 위험성이 있음을 경고한 적이 있다.
 남이 쓴 것을 번역한데 지나지 않다고는 하나 자기의 손으로 공표한 이상 이를 바르게 활용해 달라는 심정에서 감히 그 점을 지적하지 않을 수 없었던 것이다.
 그런 뒤 곧바로 이 책을 내기로 했던 것은 그러한 위험성으로부터 몸을 지키는, 혹은 그것을 피하는 한 수단으로써 영능 양성에 관한 안내서를 몇 종류인가 준비하여 다각적으로 활용할 수 있는 편의를 제공하는 것도 역자로서의 책임이라는 인식이 있기 때문이다.
 전자는 남성 영매자의 작품이고, 이 책은 여성 영매자의 저작이다. 이 대조적인 두사람의 초능력자에 의한 지침을 참고로 하면, 우선은 나무랄 데 없는 것이 되리라고 생각된다. 그렇지만 더욱 만전을 기하기 위해 다른 책들 중에서 귀중한 주장이나 의견을 받아들여 살을 붙이고 단순한 역서 이상의 것으로 만들고자 힘썼다.

  번역의 형태로선 상식을 벗어난 일일지 모르지만 '지식은 힘이다'하는 서양의 격언처럼 하나라도 많이 지식을 몸에 익힘으로써 모처럼의 능력을 무위(無爲)로 돌리지 않도록 하려는 배려에서이다.

  그만큼 초능력의 양성은 안이한 태도가 허락되지 않는 중대한 일인 것이다.

역자 씀

초능력과 영능력 ② 차례

머리말 ——————————————————— 11
서 장 초능력의 기본인식 ———————————— 15
제 1 장 개발을 위한 기초준비 ———————————— 26
제 2 장 정신통일의 훈련 ——————————————— 36
제 3 장 인간의 영적 구성 ——————————————— 46
제 4 장 유체이탈 능력 ——————————————— 53
제 5 장 물리적 초능력 ——————————————— 59
        (No 1 물질화 현상)
제 6 장 물리적 초능력 ——————————————— 66
        (No 2 직접담화현상)
제 7 장 물리적 초능력 ——————————————— 73
        (No 3 테이블현상)
제 8 장 영언 능력 ————————————————— 81
제 9 장 영시 능력 ————————————————— 107
제10장 영청 능력 ————————————————— 121
제11장 직감력 —————————————————— 132
제12장 자동서기 능력 ——————————————— 143
제13장 치병능력 ————————————————— 154
제14장 예지현상의 원리 ——————————————— 191
제15장 스피리튜얼리즘의 광명 ———————————— 203

서　장　초능력의 기본인식

　초능력 양성에 관한 지도서라면 이미 많이 출판되고 있어 이제와서 나같은 사람이 새삼 말할 여지는 거의 없다고 해도 좋으리라 생각되지만, 그럼에도 편지 등 개인적으로 지도를 요청하는 사람이 적지 않다.
　"서클에서 직접 담화를 하자면 어떻게 해야 하는가?"
　"자동 서기를 하고 싶은데 혼자서 훈련하자면?"
　"영시(靈視) 능력은 어떻게 하면 나타나는가?"
　등등 그 내용이 갖가지이지만, 솔직히 말해서 어떠한 질문이든 '그것은 이렇게 하는 게 가장 좋다'고 일률적으로 말하기는 아주 어렵다.
　왜냐하면 영능 개발이라 하는 것은 그것을 뜻하는 사람 저마다의 성격과 건강 상태, 지적 능력, 기타 모든 조건이나 환경을 안 뒤가 아니면 적절한 조언을 할 수가 없기 때문이다.
　직접 만나보면 '당신은 영매가 되지 않는 편이 좋다'고 말하잖을 수 없는 케이스도 당연히 있을 테지만, 편지로선 그것을 할 수 없다. 그래서 나는 대개의 경우 초능력의 양성을 목적으로 한 전문 기관에 소개하기도 한다.
　그곳에 가면 각 과정이 있어 희망자는 경험이 풍부한 지도자에 의해 능력이 확인되고, 성격적으로 영매가 되기에 알맞은지 어떤지 판단을 받을 수가 있다.

그 점은 음악이나 그림을 배우는 경우와 다를 바가 없다. 양성에 소요되는 기간이나 비용 등을 검토하고 그런 뒤에 최종적인 결단을 내리게 되는 것이지만, 그때 특히 잊어선 안 되는 것은 일급인 영능을 몸에 익히고 더욱이 한 때의 취미가 아니라 오랜 세월에 걸쳐 심령 지식 보급을 위해 도움되도록 하기 위해서는 상당한 희생과 정진(精進)을 필요로 한다는 것이다.

이렇게 듣고서 이런 말을 하는 사람이 있을지도 모른다.

"나는 별로 그 방면에 깊이 들어가서 영매를 직업으로 할 생각은 없다. 때때로 영계의 벗 등의 모습을 볼 수 있는 정도의 영능을 갖고 싶을 뿐으로서, 이 길에 평생을 바칠 생각은 없다."

글쎄, 당신이 가령 진심으로 그렇게 생각하고 적당한 단계에서 끝낼 생각으로 있음은 좋다. 그러나 여기서 다음의 두가지 점을 잘 검토해 주기 바란다.

하나는 이 분야에 깊이 들어가지 않고 이를테면 취미 정도로 한다 하여도 역시 영매 양성에 있어서의 마음가짐은 프로를 뜻하는 사람과 같은 것이 요구된다는 것.

또 하나는 당신이 생각하는 '적당한 단계'란 것의 판단이 어렵다는 점이다.

알다시피 영능 개발은 자기 혼자의 힘으로 할 수 있는 게 아니며, 배후에는 몇 명의 '지도령'이 있어 갖가지로 보살펴 준다.

그런 지도령의 직접 목적은 확실히 영능을 개발하는데 있다 하여도, 최종 목적은 사후 세계의 실재와 그 아름다움과 희한함을 한사람이라도 많은 지상인에게 알려 주는 데 있다.

왜냐하면 절망의 구렁텅이에 있는 자, 슬픔에 잠겨 있는 자, 혹은 인생에 지쳐버린 사람에게 있어 사후가 실제로 있다는 실증만큼 구원이 되는 것은 없기 때문이다.

그렇기에 그들은 자연히 그런 실증의 강력한 무기로써 영능자를 양성하는 일에 열심이다.

'적당한 단계'에서 그만 두는 게 곤란한 원인이 그런 데에 있는 셈이다.

그렇다고 해서 나는 결코 전부에게 프로가 됨을 목적으로 하라는 생각은 없다. 하지만 나의 희망적 견해로써 바야흐로 프로급의 영능을 가진 영매가 자꾸만 양성되어 진지한 심령연구가의 연구 자료가 되고, 그러는 한편 슬픔에 잠긴 사람들에게 광명을 주는 시대가 다가오고 있음을 확신하는 것이다.

하기야 현재의 정세로서는 프로가 되고 싶어하지 않는 사람이 많은 것도 이해할 수 없는 바는 아니다. 나라에 따라선 영매가 금전을 보수로 받는 것을 법률로 금하는 곳도 있고 일반의 이해도 부족하다.

하나 그렇다고 해서 모처럼 뛰어난 영능을 가졌으면서 자기의 취미 정도로 하는 사람은, 실인즉 그와 같은 소극적 태도 때문에 영능자를 절실히 바라고 있는 사람들로서의 '광명의 문'을 닫는 결과가 된다는 사실을 깨닫지 못하고 있는 것이다.

실은 나 자신도 영능이 나타나기 시작한 처음 무렵은 배후령인 피터가 나를 프로의 영매로 만들고자 하는 일에 강한 반발을 느꼈던 것이다. 하지만 이윽고 자기의 그러한 태도는 결국에 있어 자기의 일을 친구나 친지의 범위로 한정하는 것이고 자기 세계를 좁히는 것에 지나지 않음을 깨닫고서, 마침내 직업적으로 철저히 하는데 동의했던 것이었다.
 생각해 보면, 가령 의사나 변호사가 취미로 하는 일이니까 요금은 필요 없다라고 말하기 시작한다면 어떻게 되겠는가? '야단났어. 그 선생에게는 두 번이나 폐를 끼치고 있으니까 마음에 걸린다. 그렇게 자주 신세만 질 수는 없잖은가'하는 것이 되어, 참으로 곤란한 일이 된다.
 지급을 요하는 경우라도 역시 공짜로 해달라고 하는 것은 아무래도 마음이 꺼림칙한 법이다.
 한편 프로가 된다는 것은 꼭 돈을 받는다는 것이 아니다. 때와 경우에 따라 봉사적으로 할 수 있는 일이 얼마든지 있다.
 그 점은 모든 직업에 공통적으로 말할 수 있는 것으로서 특히 의사 등은 그러한 케이스가 많은 직업이다.
 영매도 때와 경우를 분별하여 받을 때는 받고 봉사적으로 해야 할 때는 보수를 되돌려 준다는 마음가짐이 있으면 좋다.
 그러나 또한, 영매의 일이 모든 것에 우선한다는 사고방식도 금물이다. 사람에는 각각 사명이 있고 의무가 있다. 심령과 전혀 관계 없는 분야에서 중요한 직책을 갖고 있으면 그것의 태만이 타인의 폐가 되는 입장인 사람도 있으리라.
 나는 그런 사람에게는 입신(入神)을 필요로 하는 영능을 피하도록 하라고 충고한다. 그리하여 좀더 보통의 상태로서, 즉 통상 의식인 채로 할 수 있는 영능, 예를 들어 자동 서기〔저절로 어떤 내용을 쓰는 것〕, 영시〔심령 세계를 보는 것〕, 심령 치료와 같은 것을 권한다.
 심령 치료는 예수 그리스도가 당시의 민중 마음을 이끄는 의도아래 가장 흔히 사용한 영능이지만, 이것은 현대에도 통용되는 뛰어난 방법이다.

물론 성서에는 예수가 영시 능력을 갖추고 물질화 현상도 일으킬 수가 있었음을 나타내는 기적(奇蹟)이 몇가지 이야기 되고 있지만, 가장 많이 사용한 것은 이런 '손바닥 요법'이었던 것 같다.

자기에게 과연 어떤 영능이 알맞은가 —— 이것을 알자면, 유능한 영능자를 찾아보는 게 제일이다. 그 영능자라고 하기보다 그 사람의 배후령이 정확히 당신의 적성을 판단해 줄 것이고 당신 자신도 듣고 보니 과연 그것을 암시하는 듯한 체험이 있었던 일을 생각해 내는 일도 있을 수 있다.

예를 들어 이러한 사람의 예가 있다. 이 사람은 자기에게 치료 능력 따위는 절대로 없다고 믿었던 것인데, 영능자로부터 당신은 치료 능력이 있고 더욱이 정확한 진단 능력이 있다고 들었다.

치료 능력이 있다고 해서 반드시 진단 능력이 있다고는 할 수 없고, 오히려 진단 능력을 갖지 못한 사람쪽이 많은 편이다. 그는 '나에게 그런 능력이 있을 까닭이 없다'고 주장하므로, '그렇다면 이런 체험은 없습니까?'라고 하면서 그가 있던 장소에서 기적적으로 병자가 완쾌한 예를 두 세가지 들었다.

그 하나는 2~3년 전의 일로서 그의 자녀가 불치의 병으로서 입원하고 남은 수명이 얼마 안 된다고 선언되었을 때의 일이었다.

의사의 진찰로선 비록 수술을 하여도 생명을 조금 늦출 정도의 일로서 99% 살 가망은 없다고 한다. 그것을 들었을 때 그는 웬지 수술에 대해 강한 반발심을 느꼈다. 아니, 특별히 어떤 근거도 없는데 '의사가 어떻게 진단하든 이 아이는 절대로

죽지 않는다, 꼭 낫는다'고 느꼈다. 그리하여 사실 그 아이는 완쾌된 것이다.

그런 일을 설명하며 영능자는 그가 수술에 반발을 느끼고 절대로 이 아이는 낫는다고 믿고서 '전신 전령'을 다하여 어린이를 지켜 보았을 때 그에게 갖추어져 있는 치료 능력이 작용되어 회복시켰던 거라고 말했다.

결국 이사람은 그 영능자의 조언을 쫓아 그뒤 심령 치료에 관한 책을 몇 권인가 읽고 자기에게 가장 알맞는 치료법을 골라, 그대로 치료가로서의 길에 들어섰다.

특별히 심령교실에도 다니지 않았고 위에서의 영능자 조언만으로 훌륭한 치료자가 되었던 것이다.

또 하나의 예는 내자신이 경험한 것인데 영청 능력이 있으므로 그렇게 말해 주었더니 '그럴 리가 없다'고 단언했다.

그래서 내가 '잘 생각해 보십시오. 무언가 생각나는 체험이 있을 터이니…'라고 하자,

'아뇨, 아무것도 없습니다. 나는 본디 심령적인 것에는 무관합니다'고 주장했다.

그때 아내가 조용한 말투로서 이렇게 끼어 들었다.

"그러고 보니 당신, 언젠가 굴 속에서 어머니를 닮은 목소리를 들었다고 하셨는데, 그것은 무엇이지요?"

"아, 그 이야기요. 그렇군… 그러고보니 그 목소리는 이상했어요. 빨리 이곳부터 달아나세요. 빨리!라고 하는 것이었지요. 나는 당황해서 도망쳤던 것인데 그 직후 거기에 포탄이 떨어져… 1분이라도 늦게 도망쳤다면 나는 지금 이 세상에는 없겠지요."

"훌륭한 영적 체험이 아닙니까!"

라고 내가 말하자,

"글쎄, 어쩔런지… 별로 이상하다고도 생각지 않았고… 하지만 그렇게 듣고보니 이상하다면 이상한…. 확실히 영적 체험이었을지도 모릅니다. 이제까지는 그런 식으로 생각한 일이 없었던 것입니다. 다만 어머니의 목소리를 아주 닮은 소리를 들었다는 정도밖에 생각나지 않았던 거지요."

이리하여 이 사람도 그때까지 깨닫지 못했던 자기의 영능에 눈을 떠 그 개발에 노력했다.

애당초 비즈니스 맨으로 매우 바쁜 사람이지만, 그 바쁜 중에서도 틈을 내어 심령의 공부와 영능 양성에 힘쓰고 지금은 훌륭한 영능을 개발하고 있다.

본인의 이야기에 의하면 영능을 개발하고 나서 부터는 이전보다 훨씬 일이 잘 되고 남들이 기뻐해 주어 행복하다고 한다. 무엇보다도 별세한 육친과 친지, 벗들과 때때로 접촉할 수 있는 일이 이 살기 힘든 세상을 살아가는데 있어 커다란 용기를 준다고 말했다.

이상 두사람의 예에서 볼 수 있듯이 세상에는 훌륭한 영능을 가졌으면서도 그것을 깨닫지 못하는 사람이 참으로 많다.

왜 그러한 일이 나타나는가는 본인은 물론이고 나로서도 명확히는 모르지만, 짐작컨대 심령 현상이 갖는 일견 음울한 성질이 가져 오는 편견과 선입관 같은 것이 마이너스로 작용되고 있는 게 아닌가 싶다.

이런 예가 있다.

젊은 미망인의 이야기인데 가령 A부인이라고 해두자. A부인에겐 연로한 백모님이 있었고 단 둘이서 작은 도시에 살고 있었다.
　백모님의 시중 일체를 돌보고 있으므로 자유로운 생활을 할 수가 없었고 그렇다고 대신 시중을 부탁할만한 사람도 발견되지 않아 갑갑하다는 생각을 가지면서 오랜 세월이 지나갔다.
　그리하여 차츰 중년에 이르렀을 무렵, 그 백모님이 세상을 떠났다. 거의 재산같은 것은 남아있지 않았으나 다행히도 백모님이 별세하기 한 두해 전에 이 도시를 방문한 영매자로부터 뛰어난 영시 능력을 가졌음을 지적받고 있었다. 그리하여 자택에서의 연습만으로 충분히 숙달될테니 이렇게 하라고 몇가지의 지시가 주어졌다.
　A부인은 시킨대로 실행해 보았지만 생각한 것처럼 되지 않았다. 그러던 중 몇 달인가 있다가 같은 영매자가 다시 이 도시를 방문하고 근처에서 때때로 열리고 있는 심령 모임에 출석해 보라고 권유했다.
　그런 모임이 얼마 후 열린다는 것을 알았다. 우연인 것 같지만, 얼마 후에 알고 보니 모든 게 배후령의 주선이었다.
　즉 배후령은 그 모임의 출석자가 내향적인 그녀에게 있어 절호의 동료가 됨을 판단하고 꼭 가도록 영적으로 작용했던 것이다.
　그리하여 A부인은 그곳에 갔다. 그리하여 좋은 모임이 있구나 하며 아주 기뻐하고 하고자 하는 의욕을 불태웠던 것이다.
　그 첫날은 어떤 스피리튜얼리스트(교령술사) 교회를 소개받고 '거기서 심령 보급을 위한 강연이 있으니 꼭 참석해 보라'는 권유를 받았다. 그러나 그 권유가 뜻하잖은 일로서 역효과를 나타냈다.

까닭인즉 A부인은 말들은 대로의 집회장에 갔던 것인데, 그 거리는 보기에도 지저분하여 부인은 당혹감을 느껴가며 거리 모퉁이에서 회의장 입구를 응시했다.

입구에는 우편배달부가 낯익은 부인과 함께 서 있다. 그 옆을 지나 청중이 잇달아 모임 장소로 들어가는 것이었는데, 부인은 그 사람들이 아무리 보아도 정도가 낮고 사회적 지위도 뒤진다고 생각되는 사람들 뿐이었음을 알고서 그대로 발길을 돌려 돌아오고 말았다.

말할 것도 없이 발길을 돌렸을 때의 부인의 마음 속에 있었던 것은 경멸심이고 우월감이며 자기 잘난 생각이었다.

"아아, 스피리튜얼리스트 교회말입니까. 저의 도시에도 있지요. 영능 양성을 위한 서클이 있다고 듣고는 있지만, 장소며 모이는 사람들이며 나로선 도저히 따라갈 수 없습니다. 신경이 쓰일 것만 같아서…"

이런 투의 변명을 나는 많은 사람들로부터 들어왔지만, 그 천박한 생각을 진심으로 슬퍼하지 않을 수 없었다. 확실히 세상에는 따라갈 수 없는 사람들, 신경에 거슬리는 환경이 많다.

하지만 그렇다고 해서 나와 관계가 없다라고 끝내서는 않된다. 심령도 마찬가지로서 심령가 중에는 말쑥하지 못한 사람이 많다.

그런 사람들과 함께 취급되면 곤란하다고 말하고 싶은 사람들도 많다. 그러나 그런 일로서 정작 중요한 심령의 참된 가치를 찾지못하거나 오해하거나 하는 것은 참으로 어리석다고 할 수 있기 때문이다.

A부인의 이야기로 되돌아 가지만, 부인은 그 뒤 배후령의 주선으로 '정도 높은' 다른 서클에 참가했다.

정도가 높다 하여도 표면적으로 그렇게 보일 뿐이지만, 배후령은 부인의 그러한 편견이 태어나서 자란 환경에 의한 것이라 판단하고 부득이 하다고 이해했던 셈이다.

확실히 환경이라는 것은 아무래도 좋다는 것은 아니다. 누구라도 세련된 사회적 지위가 높은 사람들에 둘러싸여 있는 편이 기분도 좋을 것이다. 하기 쉬운 환경이라면 그 만큼 진보도 용이할지 모른다. 그러나 뜻대로 되지 않는 환경 속에서 부자유한 조건을 극복하고 성취하는 생활 태도가 훨씬 가치있고 강한 점이 있는 게 아닐까?

실은 내자신도 A부인의 표현을 빌리면 ' 보잘것이 없는' 환경 속에서 '별 볼일 없는 사람들'의 방해를 받으며 노력했던 것이다.

정신 통일을 하고 있는 우리들(세사람)의 바로 옆방에는 지위도 모양도 없는 자들이 수군수군 별것도 아닌 잡담으로 떠들고 있고 때로는 욕설까지 주고 받는다. 위생적으로 보아도 참으로 더러운 환경이었다.

그러나 우리들은 참을성 있게 버티었다. 통일에 들어가기 전에 셋이서 그 방의 분위기를 신령이 보기 쉽도록 밝고 즐거운 것으로 만드는 궁리를 했다. 즉, 좋은 환경을 '찾는'게 아니고 스스로의 노력으로 '만들어' 나갔던 것이다.

통일을 하는 시간은 약 1시간. 그 동안은 일상의 잡념을 잊고 신령으로부터의 통신을 받고자 오로지 한 마음으로 기도를 올린다. 그러면 보기에도 초라하고 무너질듯한 그 방이 어느덧 천국으로 바뀌는 것이었다.

이것을 매일밤 계속했다. 지루하고 음산한 매일을 보내던 그때가 우리들 세사람에게 있어서는 얼마만큼 큰 광명이었는지 모른다.

적어도 내자신에게 있어 이런 서클 활동을 통해 얻은 영계의 벗이나 친지와의 접촉이 없었다면 당시의 비참한 역경을 헤치고 나갈 수는 없었을게 분명하다.

다행히 A부인도 훌륭한 상식의 소유자였었다. 그뒤 심기일전하여 맹렬히 심령을 공부했고 닥치는대로 심령서를 찾아 읽었다.

또한 능력을 시험해 줄 친구가 적다는 불리한 조건을 극복하여 마침내 런던에 나가게 되고, 런던의 모든 스피리튜얼리스트 교회에 정기적으로 출석하여 영시 능력에 의한 교령회(交靈會)에서 활약했다.

제1장 개발을 위한 기초준비

　서장에서 A부인의 예를 들었던 것은 초능력의 개발에는 금전도 지위도 필요없다는 것을 이해하도록 바랬기 때문이다.
　물론 뛰어난 초능력자로부터 지도를 받는 것은 시간의 낭비를 줄이는 점에서 혹은 위험을 피하기 위해서도 바람직한 일이지만, 만일 그것을 바랄 수 없고 그렇다고 혼자서 하기란 불안하여 자신이 없다 할 경우에는 테이블을 사용한 실험법을 권하고 싶다.
　이것은 내자신도 처음으로 효과를 보았으므로 자신을 갖고서 권할 수 있다. 다만 이것에도 최소한 따로 또 한사람의 보조자를 필요로 한다.
　그 구체적 방법은 7장에서 자세히 설명하겠지만, 테이블에는 아무래도 실험자, 즉 당신이라면 당신의 신체가 갖인 에네르기 [일종의 자기(磁氣)]를 끌어내어 흡수하는 작용을 갖인 것, 그런 에네르기가 테이블 현상의 주역을 맡는 것이다.
　내가 테이블 실험법을 초심자에게 권하는 이유는 여기에 있다. 그러니까 영능 양성에 있어서 어려움 중 하나는 자기에게 있는 잠재력을 어떻게 하면 외부에로 방출하느냐에 있고, 이 점에서 테이블 실험법은 테이블 쪽으로부터 에네르기를 끌어내기 때문에 부담을 감소시키게 된다.

처음에는 테이블이 경사되든가 그 경사된 테이블의 다리가 떠듬거리며 글자를 쓰거나 할 뿐이지만, 그것만이라도 최소한도 타계(他界)의 거주자와 접촉되고 자기에게 과연 영능력을 개발할 만큼의 소질이 있는지 없는지 혹은 그것을 원조해 줄 영이 붙어줄지 어떨지 하는 정도에 관한 통신은 얻을 수 있으리라.

그 통신은 어쩌면 당신의 영능이 어떠한 모습으로 나타나는가를 판단하기에는 시기상조라고 알릴지도 모르고, 한편 당신의 배후에 이미 훌륭한 사명을 가진 원조령이 붙어 있다면 영능이 어떤 모습으로 나타나는지 금방 판단이 되므로 그때는 명확한 것을 알려 주리라.

나의 경우에는 영계 통신을 시작하자 곧 배후령의 피터(Feeder)가, 나의 영능은 영언(靈言) 현상으로서 자기가 다스린다고 알려 왔다.

영언 현상은 입신하지 않으면 안 된다. 솔직히 말해서 이것은 나의 가장 싫은 일이고, 가장 나에게 어울리지 않는다고 생각했었다. 그러나 배후령의 말을 쫓을 수 밖에 없다. 왜냐하면 배후령은 절대로 거짓말을 않는다고 믿어야 되는 것이다. 따라서 그와 같은 중요한 문제에 관한 영계 통신을 받을 때에는 미리 배후령의 신빙성에 관해 확인을 얻어두지 않으면 안 되는 셈이다.

그것에는 별로 특수한 방법이 필요한 것은 아니다. 수주일 내지 수개월에 걸쳐 정신통일 연습을 하고 있으면, 차츰 그것을 알게 되는 법이다.

그것은 인간끼리라도 오래 사귀게 되면 상대편 본성(本性)을 아는 것과 같은 일로서, 요컨대 일정한 기간 '영을 시험하는' 셈이다.

그 결과 이 영이라면 신뢰할 수 있다고 확신하면, 그 다음은 전폭적인 신뢰를 갖고서 절대 복종해야 한다.

대체로 심령 실험도 '상식적 기준'으로 판단하면, 좀처럼 과실을 범하지 않는다.

이리하여 테이블 현상이나 유능한 영매를 통하여 사배령(司配靈)과의 접촉이 가능해지고 자기에게 어떤 영능이 발휘되는가를 알면, 이때 영매의 양성에 들어가도 상관없다.

그러나 만일 아직도 지도에 임하는 영이 없다고 한다면, 자기의 영능 양성은 뒤로 미루고 우선은 동료의 양성을 원조해 줄 수 밖에 없다. 그렇지만 실은 이것이 재미있기도 하고 아름답기도 하여 도움이 되는 것이다. 경쟁심으로 이상한 열등감을 일으키는 것은 금물이다.

나의 경우, 동료 중에서는 내가 첫번으로 영능이 나타나기 시작했으므로 다른 자들은 나를 원조하는 쪽으로 갔던 것이지만, 모두들 기분좋게 기꺼이 해주었다.

그것이 오히려 귀중한 심령 체험을 쌓는 이유가 되고 위로와 원조를 받는 것이 되기도 했다.

그들은 프로적인 영매 능력이 나타나지 않았으나 자택에서 혼자 있을 때 등 매우 흥미깊은 현상이 갖가지로 일어나게 되었다.

다만 그들의 경우는 일으키고자 해서 일어나는게 아닌 자연 발생적이며 게다가 프로가 될 생각도 없었고 남에게 보일 생각도 없었다. 나는 그 점을 아쉽게 생각했던 것이다.

왜냐하면 물리 현상, 그 중에서도 물품 이동 현상, 즉 인간의 힘을 가하지 않고 무거운 물체를 움직이는 현상 등은 참으로 훌륭한 것이었기 때문이다.

　어쨌든 진지한 동료와 함께 테이블 실험을 하는 일은 자기 자신에게 비록 영능이 나오지 않고 동료를 위해 앉아 있는 것만으로 끝나도 결코 손실은 되지 않는다.

　다음은 영능 개발에 앞서 꼭 해야만 하는 일은 '정신 통일' 의 훈련이다. 일상 생활에서 사람의 사념(思念)이란 것이 얼마나 중대한 영향을 미치고 있는지는 헤아릴 수 없는 것이다.
　보통 일반의 사람은, 통상 의식의 안쪽에 대기하는 '초상의식'이라는 것을 거의 혹은 전연 의식 않고서 살고 있다. 이것을 초월 의식이라고 부르는 사람도 있지만, 보통의 사람은 그러한 것이 있다는 지식마저 갖지 못하고 있으며 훈련에 따라 그런 의식을 개발하며, 그것에 의해 영계의 영고(靈庫)에 도달할 수 있다는 것 따위를 전혀 알지를 못하는 것 같다.
　흔히 말하는 진리와 직감, 인스피레이션 등은, 실인즉 통상 의식이 이런 초상 의식과 연결되어야 비로소 얻어지는 것이다. 왜냐하면 영계의 거주자가 인간과 접촉하는 통로는 이 초상 의식이고, 따라서 통상 의식과 초상 의식이 잘 연결되지 않는다면 초상 의식으로 포착한 것이 통상 의식에 잘 반영되지 못하게 된다.
　통상 의식이라는 것은 문자 그대로 우리들이 평소 사용하고 있는 의식을 말하며, 사물을 객관적으로 판단하든가 주관적인 추리와 비교, 귀납 하는 의식작용이다.
　또한 통상 의식은 아무리 조심하여도 계산이 틀리거나 착각을 범하지만, 초상 의식이 깨어 있으면 그와 같은 추리나 귀납의 활동을 초월하여 직감이나 영감에 의해 단숨에 영적 진리에

도달한다.

　이렇게 되면 영계의 친구나 배후령이 마음껏 원조할 수 있게 된다. 즉 의식계(意識界)가 영계에로 옮겨져 있기 때문이다. 이리하여 정신적으로 혹은 영적으로 우리들 인간도 때로는 영계의 거주자와 공동으로 생활할 수 있게 된다.

　그렇다고 나는 결코 심령을 위해 물질적 생활을 경시하고, 이해 득실이나 인간으로서의 의무를 잊고 혹은 이성적 판단력을 버리는 편이 좋다고 말하는 것은 아니다. 오히려 그 반대로서, 고등 세계와 접촉하고 신의 사랑과 진리에 접촉하는 것은 도리어 예민한 평소 능력을 증대하고 자기가 놓여진 물질적환경을 정확히 판단하는데 있어 도움이 되는 것이다.

　정신 통일의 훈련에 있어 우선 첫째로 습득해야 하는 것은 잡념의 컨트럴이다.

　즉, 인간이 자칫 품기쉬운 슬픔과 원한·증오·시기심과 같은 악감정을 의식적으로 누를 수 있기 위한 훈련이다.

　처음엔 떨어내려고 하면 오히려 의식되고 방해받기 쉽지만, 이래선 안 되겠다고 자각하여 하나의 마음이 되는 수양이 정신 통일의 제1보이다.

　이 세상은 자칫 싫은 일, 재미없는 일, 귀찮은 일이 생기기 쉽다. 그러기에 자기의 마음을 잡념과 망상의 쓰레기장으로 만들지 않도록 노력해야 한다.

　싫다, 귀찮다, 재미가 없다와 같은 음울한 생각이 얼마나 영계의 원조를 가로 막고 있는지 다음의 예로서 이해해 주기 바란다.

　이것은 나와 친한 부부의 이야기지만 남편은 정직하고 명랑하고 동정심이 강한 누구에게나 호감을 주는 좋은 사람이다.

한편 부인쪽도 남편 못지않게 친절하고 남을 위해선 몸을 아끼지 않으며 오히려 남을 지나치게 보살펴 주는 정도인데, 어떤 까닭인지 그런 노력에 비해서 남들로부터 환영받지 못한다.

그래서 나는 언젠가 영시 능력을 사용하여 두사람의 배후를 살펴 보았다. 그랬더니 첫눈에 그 차이를 알수 있었다.

남편의 둘레에는 언제나 명랑하고 즐거운 영의 한 무리가 뒤따르며 이것저것 돌보아 주고 있는데, 부인의 둘레에는 한사람의 영도 보이지 않는다.

이윽고 남편의 영 무리 중에서 남편의 아버님이 나타나 며느리에게 접근하려고 했는데 근처까지 이르자 순간 우뚝 서버렸고 다시 한번 접근하려다가 또 망설였으며, 마침내 단념하고 다시 아들의 영 그룹에로 돌아갔다.

두사람의 주변을 잘 영시해 보았더니 남편의 신변에는 육체로부터 4~5피이트의 범위에 걸쳐 밝은 광채가 보이지만, 부인쪽엔 그것이 없고 방안에선 부인의 주위만이 잔뜩 흐려 보인다. 어째서일까, 생각해 보았다.

그 까닭은 부인의 '사물에 대한 사고방식'으로 곧 납득이 되었다. 왜냐하면 내가 부인의 타계한 친지나 친구, 육친의 이름을 입밖에 내면 그녀는 그 사람의 생전의 병이나 불행, 죽을 때의 모습 따위만 이야기하고 밝고 즐거운 추억은 한마디도 입에 올리지 않았다.

"아아, 그 분은요, 가엾게도 ××의 병으로 돌아가셨지요. 그 괴로워하는 모습이란 너무 너무 심했었지요. 이런 말까지 하며…"

라면서 이러쿵저러쿵 아픔이나 괴로움의 일만을 늘어 놓는 것이었다. 이것을 듣고서 나는, 이는 실제로 본인이 그렇게 말한 게 아니고 이 부인의 어두운 분위기로부터 태어나는 상상에 지나지 않는다고 직감했다.

즉, 부인의 마음 속에는 그와 같은 음울한 사념만이 가득 소용돌이 치고 그것이 밝은 영을 쫓아버리는 결과로 나타나 있음을 알았다.

언젠가 그 부인이 자기에게 영이 접근하지 않는다 함은 어떤 의미냐고 나에게 물어 왔다. 그래서 나는 좋은 찬스이다 싶어 부인의 사념이 음울하므로 그런 것이라고 솔직히 말해 주었다.

나의 말에 부인은 뜻밖이라는 표정을 보였다. 그리하여 '나로선 음울하다고는 조금도 생각지 않고 있어요. 오히려 어디에 가든 내가 주위 사람을 잘 돌보아 준다는 것은 당신도 잘 알고 계시잖아요'라고 말했다.

그것은 확실히 그렇지만, 주위 사람쪽에서 당신에게 친밀히 말을 걸어 오는 일은 없겠지요, 라고 해두었다.

부인은 본래 머리가 좋은 편이다. 나의 실례라고 할 수 있는 충고를 순순히 받아들여 진지하게 반성했던 모양이다.

2, 3주일 지나고서 만났을 때에는 그 변모에 이번에는 내쪽에서 놀랐다. 영시해 보니 수명의 영이 배후에서 밝게 활동하고 있었다.

건강도 증진되고 혼자 조용히 있을 때의 얼굴 표정도 이전의 생각에 잠긴 음울한 것과는 딴판인 밝음이 보였다.

이전에는 명랑하게 이야기하다 침울해지는 일이 있지만, 지금은 그것이 없다. 그녀는 나에게 이렇게 말했다.

"최근엔 음산한 생각이 들어오면 나가라! 너따위나 상대하고 있을 틈이 없다. 어서 성큼 나가라! 하고 마음 속에서 말하지요."

 음산한 사념이 사람을 불행케 함을 이걸로써 알았으리라 생각된다. 한편 명랑한 것만이 좋으냐 하면 반드시 그렇다고도 할 수 없다.

 명랑하고 낙천적이며 관대한 것은 좋지만, 주의나 분별, 위험에 대한 경계심을 완전히 잃었다면 이것은 또 다른 의미로서 극히 위험하다.

 겁장이가 되지 않을 정도의 경계심, 탈선하지 않기 위한 조심성은 심령 문제에 종사하는 자로선 절대 불가결의 것임을 자각하기 바란다. 한가지 예를 들어보자.

 수년 전의 이야기지만 한 부인 —— 가령 N부인이라고 불러 둔다 —— 이 나를 찾아왔다. N부인은 열성적 심령가로서 곧잘 영매를 찾아가 영으로 부터의 통신을 친구 등에게 전해주는게 취미인데 그 날도 세계대전에서 아들을 잃은 친구로 부터의 편지를 가져 왔다.

 그 편지에는 친척인 자에게 무언가 전할 일은 없는가를 아들인 자꼬에게 지급히 물어달라고 했다.

 지급이라고 하는만큼 무언가 사정이 있음은 분명했지만, 그 점은 편지에 씌어 있지 않고, N부인도 말해 주지 않는다.

 나는 부탁받은 대로 입신하여 나의 사배령인 피터에게 맡겼다. 내자신은 입신해 버리므로 그 사이에 어떤 대화가 나누어졌는지는 전혀 모른다. 입신으로부터 깨어나자 N부인에게 물었다.

 "자꼬로부터 무슨 전갈이 있었습니까?"
 "아뇨, 별로 이렇다는 것은 없었지요."

라고 부인은 대수롭지 않다는 듯이 말한다. 그리고 계속해서,
"다만 피터가 오늘은 조금 이상했지요. 무언가 중요한 일이 있어 자꼬가 어머니에게 알리고 싶어한다고 했지요. 아주 중요한 일인 모양인데 설명이 어렵다고 했지요. 하지만 나로선 곧 알 수 있었지요. 자꼬는 자기의 모습을 언젠가 어머니에게 보여준다는 약속을 하고 있었으니까 아마도 그 일인 모양이에요. 나는 ××영[자기의 배후령]과 이야기를 하고 싶었기 때문에 피터에게, 이제 그 일은 되었다고 해두었지만 피터는 무언지 이상하게도 열심이었지요."
"그렇다면 자꼬의 일을 좀더 자세히 물어보면 좋았을텐데"
"걱정없어요. 나로선 무슨 일인지 알고 있으니까, 그런 일에 시간을 뺏겨 다른 일을 들을 수 없게 되는 게 아까왔던 거지요. 아마도 자꼬는 어머니에게 자기 모습을 보였다든가 몸에 접촉한 것은 자기라든가 하는 정도의 것을 전하고 싶었겠죠. 뭐, 두고 보세요. 이제 알게 될테니까…."
부인이 그렇게 말을 끝낼 직전의 일이다. 나의 눈에 마치 철도의 붉은 신호와 같은 새빨간 큰 빛이 보였다. 그리하여 그것이 보임과 동시에 나의 가슴 속에 이것은 위험하다!고 하는 위기감과 N부인이 엉뚱한 착각을 하고 있다고 판단됐다. 즉 피터는 비참한 소식을 전하려 했지만 N부인쪽이 진지하게 받아들이지 않으므로 바르게 통신을 하지 못한 것이었다.
나는 곧 눈에 비친 위험 신호와 나의 추측을 이야기 했지만, 그녀는 여전히 태평하여 심각하게 받아들이려 하지 않을 뿐더러 왜 그런 불길한 추측을 하느냐고 불쾌한 표정을 보이므로, 나도 더 이상 말할 수 없었다.

그러나 나의 추측은 들어맞고 있었다. 3일 후에 N부인은 몹시 당황하는 태도로 나를 찾아왔다. 그것도 그럴 것이다. 자꼬의 어머니가 자동차에 치어 죽고, 가족들은 자꼬로부터 정말로 특별한 전갈은 없었느냐고 편지로 물어왔던 것이다. 부인은 자기의 어리석음을 진심으로 반성하고 부인과 나와의 사이에 있었던 이야기를 정직히 전할 밖에 없었다.

이런 예로서 알 수 있듯이 너무 신경질이 됨도 나쁘지만 너무도 낙천적이고 대체적인 것도 좋지 않다. 항상 마음을 백지로 만들어 사실을 순순히 받아들이고 자기 멋대로 편리한 판단을 내리지 않는 게 중요하다.

영매라고 일컬어지는 사람 중에는 특별히 이렇다 할 공부도 수양도 않고 훌륭한 영매가 되어 있는 사람이 많다. 그런 사람은 영매로서의 실제적 일을 거듭하는 사이 지식을 몸에 익히는 셈이지만, 나의 의견으로서는 최상의, 그리하여 가장 안전한 방법은 영능 개발에 들어가기 전에 단단히 자기 자신을 이해하고 스스로 자기가 컨트럴할 수 있도록 수양하는 일이다.

제2장 정신통일의 훈련

 영능의 개발을 뜻하는 자가 첫째로 명심할 일은 진리의 말에 순순히 따르도록 정신을 수양하는 것이리라. 이른바 '현세적'인 생각이나 번뇌에 사로잡혀 있다면 아직도 물질적인 자기에 사로잡혀 있는 증거로서, 그런 일로선 자기의 힘을 외부에 파급시키고 예를 들어 교령회에 필요한 영적 분위기를 만들어 낸다는 것은 바랄 수가 없다.
 그러기 위한 정신의 훈련을 '정신 통일'이라 하고 그런 상태에 들어감을 '통일을 취한다'고 한다.
 연습에 앞서 일단 이해해 둘 일이 있다. 그것은 정신 통일의 상태가 결코 신비적인 것이 아니라는 점이다.
 즉 일상생활에서 호흡하거나 걷거나 하는 일과 마찬가지로 극히 자연스런 상태이고 따라서 그 올바른 활용은 인간을 건강하게 만든다는 것이다.
 또한 그 과정은 극히 단순한 것이다. 현대인은 소란스런 문화 생활에 쫓기고 있기 때문인지 자칫 단순한 것을 경멸하고 복잡한 것에 무엇인지 의미가 있는 것처럼 생각하기 쉽다. 그러나 실제는 그 반대로서 우주의 가장 속에 있는 마음, 곧 '신'에 가까이 가는 길은 오히려 단순 소박한 것이다.
 이제, 그 점을 이해하고 드디어 통일 연습을 시작하는 단계에 들어갔다면 먼저 일상 생활에 대해선 일체 잊어버리지 않으면 안 된다.

평소의 고민이나 그날의 사건이 머리로부터 완전히 떠나지 않으면 안된다. 적어도 그 연습중만은 일체를 신에게 내맡기고 기대와 희망을 갖고서 통일에로 전념해야 한다.

모든 것을 잊은 무아(無我)의 경지는 육체를 평안하게 해주고 피로를 없애 줄 뿐아니라 그런 경지에서 얻어지는 깨달음이 정신상의 모든 고뇌나 걱정거리를 털어내 주고 영혼을 평안한 만족의 경지에로 이끌어 준다.

그런 점에서 말하면 통일 연습의 시간은 되도록이면 하루의 일이 끝난 다음이 가장 알맞다.

또 일정한 시간을 정하고 방도 같은 방을 사용하는 편이 좋다. 의자를 사용할 경우는 역시 매번 같은 의자를 사용하는 편이 좋다.

왜냐하면 가족으로 부터는 늘 어떤 유의 자기(磁氣)[3장에서 자세히 해설]가 방사되고 있으므로 언제나 같은 것을 사용하고 있으면 차츰 그와 같은 자기를 띄게 되어 통일에 좋은 영향을 주기 때문이다.

의자의 모양은 천으로 된 소파같은 것보다 목재로서 직각으로 만들어져 있는 것이 바람직하다.

직각이라면 자연히 뼈가 꼿꼿해지고 이른바 영적'경혈(經穴)'에 영적 에네르기가 닿기 쉬워진다.

드디어 자리에 앉았다면 우선 첫째로 일체의 번뇌를 떠나지 않으면 안 된다고 앞에서 말했지만, 이것은 정신상의 일로서 이것과 동시에 육체적으로도 평안과 상쾌함을 필요로 한다.

그러기 위한 방법으로서는 심호흡이 가장 좋다. 보통 코로

빨아들여 입으로 내보내면 좋다.
 이것을 서너번 반복하면 자연히 체내가 깨끗해지고 기분이 상쾌해지며 정신이 안정된다. 다만 너무나 극단으로 반복하면 오히려 피로를 느끼므로 그 점을 주의하여 알맞게 행해야 한다.
 이리하여 심신이 모두 안정되고 드디어 '무'(無)의 경지에 들어가기 시작하면 처음 한동안은 잡념이나 망상이 마음속을 차지하고 있어 방해를 하기 마련이다.
 이것은 통일 수양에 있어서의 초보적인 시련이라고 생각해야 할 것으로서, 처음에 풀이했던 것처럼 정신을 진리의 명령에 순순히 따르도록 하기 위해서는 먼저 이 정도의 시련은 예사로 뛰어넘지 않으면 안 된다.
 보조적 수단으로써 방에 부드러운 빛을 드리우든가 조용한 음악을 흐르게 함도 한가지 방법이리라.
 다시한번 주의하지만 여기서 말하는 심신의 평안이란 졸음을 가져오는 권태감을 말하고 있는 게 아니다.
 만일에 그와같은 권태감, 즉 나른함을 느꼈다면 연습은 일단 중지하는 편이 좋다. 왜냐하면 그와 같은 권태로움인채 무의식 상태로 들어가면 그 헛점을 노려 악질의 에네르기가 들어와버려 초심자로선 처리할 수 없는 악영향을 남기기 때문이다.
 평안이란 번거로움이 없어진 상태로서 통일 상태를 소극적으로 표현한 것에 불과하다.
 그럼 적극적으로는 어떻게 해야만 하는가. 말로써 표현하기는 어렵지만, 굳이 말하면 신체는 산뜻해지고 정신은 작은 소리라도 깨달을만큼 예민하며 이른바 빈틈없는 상태가 되어야 한다.

바꾸어 말하면 청소가 구석구석까지 잘된 신체 속에서 정신이 최대한으로 활동하는 상태라고 하면 좋으리라.

여기서 두 세가지 더 초심자에게 주의해 둘 일이 있다. 우선 첫째로 별것도 아닌 일이지만, 조바심을 내서는 안 된다는 것이다.

조금이라도 빨리 영능을 개발하고 싶은 것은 인정이므로 열심이 되는 것은 당연한 일이고 그런 열의는 아주 좋은 일이지만, 그러나 열성이 지나쳐 조바심이 된다면 효과는 반대가 된다. 부질없이 진보를 더디게 할 뿐이다.

최초에는 꼭 규칙바르게 매일 할 필요가 없다. 1주에 두 세번 그것도 단시간이라도 좋고 마음내킬 때 한다. 그러면 그것이 차츰 습관이 되어 세 번이 네 번, 네 번이 다섯 번이 되어 마침내는 일과가 된다. 이렇게 되면 궤도에 오른 것으로, 장시간 하더라도 고통스럽지 않게 된다.

다음으로 주의할 것은 이것도 당연한 일이지만, 단순한 호기심에서 장난삼아 해서는 안 된다는 것이다.

저 친구가 할 수 있다면 나도 못할 리가 없다 하는 경쟁심이나 너도 해보지 않겠는가 권유되어 가벼운 마음으로 하기 시작한다는 따위의, 요컨대 예비 지식도 마음가짐도 되어 있지 않은 자가 흥미 위주로 시작하는 게 가장 위험하다.

이유는 간단하다. 유(類)는 유(類)끼리 모인다, 즉 비슷한 자끼리 모이는 것은 도리로서 무책임한 영이 어중이떠중이 모여들어 장난을 치는 것이다. 이것이 왕왕 돌이킬 수 없는 화의 원인이 되므로 주의가 절대로 필요하다.

다음에 통일 중의 마음가짐에 대해서인데, 통일 수양은 이를테면 나쁜 악령과의 싸움이므로 약간의 훼방은 물리칠 정도의 대담한 신념으로 불타고 있지 않으면 안 된다. 그리스도는 기도중에 '물러가라, 악아!'라고 외쳤다고 하지만 이만한 뚝심이 있어야 한다.

이른바 영능이란 것이 발현(發現)하기 시작하기 까지의 기간은 개인에 따라 차이가 많다.

사람에 따라 한 두번 했을 뿐인데도 물체가 보이든가 손발이 움직이든가 하는 일이 있다.

이와 같은 사람은 실인즉 그때까지 무의식중에 선천적 영능이 발달하고 있던 것으로서 결코 우연은 아니다. '자연은 진공을 싫어한다'고 하는데, 이것은 바꾸어 말한다면 사물에는 반드시 원인→결과의 법칙이 있다는 의미로서 통일 수양도 그 예외는 아니다. 즉 그만한 수련을 쌓지 않고선 결코 영능이 나타나지 않는다는 것이다.

그러므로 아무리 노력해도 아무런 변화를 볼 수가 없는 사람은 다음과 같은 사실을 알아주기 바란다.

비록 영능이 나타나지 않더라도 그 수양 기간 중에 영혼 그 자체가 무의식 중에 새로운 생명력을 섭취하든가 신체에 나쁜 부분이 있으면 배후령이 고쳐 주는 경우도 있고 또한 정신상의 고뇌에 대해선 위안을 얻든가 해결책이나 암시를 받든가 하고 있다는 점이다.

진지하게 더욱이 심령학을 바르게 이해하고 있는 사람, 혹은 이제부터 공부하고자 하는 사람은 반드시 이 사실을 명심하고 통일 수양이라는 것을 참된 인간 수양이라고 생각해 주기를 바란다. 그런 수양에 소요되는 시간은 신이 반드시 마련해 주실 터이다.

인간의 특기, 학문으로서 말하면 가장 잘 하는 학과라는 것도 여러가지가 있는 것은 아니다. 그것과 마찬가지로 아무리 수양하여도 전부의 영능이 발휘된다는 일은 우선 있을 수 없다 해도 좋다. 대개의 경우 어느 것인가 하나가 발휘되는 게 보통으로서 개중에는 특별히 영능다운 게 현현(顯現)되지 않고, 다만 통일 중에 갖가지로 영감을 받을 뿐이라는 사람도 있지만 이것도 훌륭한 영능이다.

모든 것은 신으로부터 받은 그 사람 특유의 도구인 것이므로, 자기의 생각한 것이 발현되지 않는다고 해서 불평을 말하거나 깎아내리거나 하고 있다면 행복한 생활은 바라기 어려우며 결국은 자기 자신이 손해보는 것 외의 아무것도 아니다. 여기에도 올바른 깨달음과 신에 대한 전폭적 신뢰가 요청되는 것이다.

참된 겸허란 신으로부터 내려진 것은 무엇이든지 고맙게 순순히 받고, 그것을 되도록 효과적으로 사람들을 위해 사용하려는 마음을 말하며, 이것이 참된 종교심과 통하는 것이다.

그럼 통일에 관한 주의 사항을 종합해 보자.

△기도와도 비슷한 진지한 심정으로 임할 것.

△알맞은 정도의 심호흡에 의해 심신을 안정시킬 것.

△되도록 같은 방에서 같은 위치, 같은 의자를 사용할 것.

△조바심을 내지말고 주 2, 3회부터 시작하여 서서히 횟수와 시간을 늘려갈 것.

△멋대로인 기대를 하지 말것. 그런 기대가 암시 현상을 만들어내는 일이 있다.

△악마와의 싸움이라는 각오를 갖고서 강한 기백으로 임할 것.

△경험 풍부한 지도자의 지도 아래 할 것.

△연습 후에 컨디션이 나쁘든가 할 때에는 무언가 잘못된 생각을 갖고 있거나 혹은 방법에 잘못이 있는 증거이므로 잘 반성할 것.

△나타난 영능은 신으로부터 내려진 귀중한 도구로써 감사히 받고 사람들을 위해 유효하게 사용할 것.

정신 통일에 관해 이미 꽤나 상세히 설명했다고 생각되지만, 돌이켜 보니 빠뜨린 점이나 설명 부족이 몇가지 있으므로 덧붙이기로 한다.

이렇듯 정신 통일에 지면을 소비하는 것도 그만큼 정신 통일이라 하는 것이 물심 양면에 걸쳐 심령 문제의 기초이고 제1조건인 까닭이다. 심령 문제에 국한되지 않는다. 행복한 인간 생활의 열쇠이다.

'자식은 어버이의 거울'이라고 흔히 일컬어진다.

가정 생활에 있어서의 부모의 생활 태도가 자기도 모르는 사이에 자녀의 언동이나 성격에 나타나는 것을 말하고 있지만, 실은 이것과 전혀 같은 일이 정신 통일과 일상 생활과의 관계에서도 말할 수 있는 것이다.

즉, 일상에 있어서의 생활 태도나 습관이 정신 통일에 그대로 나타나는 것이다.

예를 들어 그룹에서 통일모임을 가지면 대개 한 두사람 눈에 거슬리는 허영가가 있어, 아직 제대로 연습을 하기 전부터 몸을 이상하게 구부리거나 얼굴을 찡그리거나 손을 떨게 하거나 때로는 이상한 소리를 내어, 자못 영능자인 체 한다.

무의미하다기 보다도 이런 짓을 하게 되면 그룹 전원이 피해를 입는다.
 이런 사람은 아마 일상 생활에서도 허영가이고 쓸데없는 멋을 부리든가 수다스런 자기 자랑으로 남들의 빈축을 사고 있으리라.
 말을 바꾼다면 끈기가 없는 사람이리라.
 그렇다고 필자는 결코 그와 같은 손의 떨림 등이 전부 가짜라고 말할 생각은 없다. 진지하고 열심인 사람이라도 때로는 무의식중에 손이 위아래로 움직이든가 몸 전체가 부들부들 떨리든가 하는 법이다.
 그중에서 가장 많은 것은 감전되었을 때처럼 손끝이 짜릿하거나 별안간 오한이나 반대로 따뜻함을 느끼거나 때로는 거미집을 머리부터 뒤집어 쓴 것만 같은 끈적끈적한 느낌을 받는 일도 있다.
 이와 같은 일은 확실히 원인이 있는 일로서 그 가장 많은 원인은 성질이 맞지 않는 영혼이 정신통일자의 오오라와 접촉했을 경우이다.[오오라에 관해선 다음 장에서 설명하겠다].
 그러나 그와 같은 영향을 느끼는 일과 그것을 동작으로 호들갑스럽게 나타내는 일과는 별문제로서, 그곳에는 역시 옳고 그름, 선악의 선택이 필요하다. 영향받기까지 몸을 내맡기고 있다가는 어떠한 영에 어떤 장난을 당할지 모른다. 몸을 맡기기 전에 마음만은 '고요한' 세계에 안주(安住)시키고 조용히 판단을 활동시키도록 수양해야 한다.
 통일 중 뿐아니라 심령학을 갓 시작한 사람은 자칫 영혼의 힘을 과대 평가하고, 또 심령을 하고 있다는 것만으로 어딘지 잘난 것과 같은 기분이 되기 쉬운 법으로서, 조금 색다른 일이 있으면 무엇이든 영의 짓이라고 믿고 싶어하기 마련이다.

몇 번이고 말했던 것처럼 인간이 영의 세계에 다녀왔다고 해서 조금도 훌륭한 것은 아니다.

죽는다고 하는 것은 흡사 외출로부터 돌아와서 거추장스런 웃도리를 벗듯이 귀찮은 육체를 벗어 버릴 뿐이다.

그런 사실도 모르고 영혼이라 하면 무엇이든 신 취급을 하여 하는 대로 내맡긴다.

필자는 그런 사람을 보면, 만일에 지금 저사람의 배후에서 활동하고 있는 영혼이 지상에 내려 와 그 사람의 현관에 섰다고 한다면, 과연 어떠한 응대를 할까 등등을 상상하며 우수워지는 일이 있다.

아마도 기분이 오싹해져 쫓아버리고 말 것이 분명하다.

사후의 세계에는 그와 같은 것들이 우굴거리고 있으므로 아무쪼록 조심해야 한다.

그리고 또한 나의 배후령은 책도 읽게 하지 않고 연구도 시키지 않지요, 라고 자랑스럽다는 듯이 말하는 사람이 있다.

즉, 그 사람의 배후령은 자기의 말만을 들으면 좋다고 하고 있는 게 틀림없는 것인데, 이것은 너무나도 소견이 좁은 위험한 생각이 아닐까? 항상 진보적이고 진리를 구해 마지않을 터인 학도(學徒)가 그렇듯 지식의 근원을 일정한 범위로 국한되어, 그러고서 별로 반발을 느끼지 않는다는 것은 어떠한 까닭일까?

인간의 마음은 영락없는 프리즘과 같은 것으로서 신으로부터 방사되는 무색 투명한 절대적 진리가 인간이라는 프리즘을 통과함으로서 무한의 색채를 띠는 것이다.

따라서 한 개인, 그것이 인간이든 영혼이든 어쨌든 일개의 상대적인 존재를 통해 얻어지는 진리라는 것은 어디까지나

일부분에 지나지 않는 것으로서, 절대일 수는 없다.
  그런 부분적 진리를 되도록 많이 모아 절대적 진리, 즉 신에 관해 되도록 깊이 이해하려 하고 있는 것이 우리들 심령학도인 것이다.
  그렇다면 어디서부터 혹은 누구의 입에서부터 나온 것이라 할지라도 적어도 진리인 이상 적극적으로 자기의 것으로 해야만 되지 않을까? 이렇게 말하면, 그럼 어떻게 진리와 가짜를 식별할 수 있는가 하는 의문이 생기리라. 당연한 것이고 이는 실로 중요한 문제이다.
  그러나 신은 참으로 고맙다고 생각된다. 인간에게는 한 영의 예외도 없이 절대로 그릇치는 일이 없는 판단의 기준을 주고 계시다. 어떤 사람은 이를 '양심'이라 부르고 어떤 사람은 '도의심'이라 부르고 또 어떤 사람은 '신의 목소리'라 부르며, 단지 '직감'이라 부르는 사람도 있다.
  어쨌든 그것이 옳고 그름, 선악에 관해 즉각으로 판단을 내리는 판단력을 가리키고 있다는 데는 변함이 없다.
  그런 판단력을 날카롭게 하기 위해서라도 우리들은 항상 지식을 널리 구하고 통일이나 기도를 통해, 그런 판단을 그릇치든가 방해하든가 하는 방해를 배제하게끔 수양할 필요가 있는 셈이다.
  기도에 대해 나온 김에 말해 두면, 특히 개인으로서 통일 연습을 할 때는 묵도가 아니고 또렷이 소리를 내어 기도하는 일도 고급령을 끌어당기는 좋은 방법이다.
  물론 진심이 곁들여 있지 않다면 아무것도 아니지만, 양심만 있다면 조용히 소리내어 기도하는 편이 묵도보다도 강한 염파(念波)가 나오므로 효과가 있다.

제3장 인간의 영적구성

　생물이든 무생물이든 무릇 형체가 있는 것은 육안에 비치지 않는 희박한 광휘성(光輝性) 물질에 의해 싸여 있다. 이것을 '오오라'라고 하며 영안(靈眼)으로 보면 물체에 따라 각각 다른 색채를 띤다.
　또한 기능이 단순한 것은 색채도 단순하고 기능이 복잡해지면 색도 복잡해진다. 따라서 당연히 무생물보다 생물 쪽이 복잡한 색을 하고 있으며, 그중에서도 인간의 오오라가 가장 복잡하다.
　여기서는 인간에 한하여 연구하기로 하겠다.
　보통 심령학에서 인간을 설명할 때 육체와 에테르체(體)와 마음으로 구성되어 있다는 표현법을 쓰고 있지만, 이 에테르체라는 것은 극히 대강의 명칭으로서 이를 더욱 자세히 분류하면 유체, 영체, 본체의 세가지로 분류할 수 있다〔그림2 참조〕.
　따라서 인간의 구성 요소를 심령학적으로 설명하면 육체·유체·영체·본체의 네 기관과 이것을 사용하는 마음(자아)으로 이루어진다고 할 수가 있는 셈이다.
　이 네가지의 기관은 마음의 변화에 따라 갖가지 종류의 색을 나타낸다. 육체의 피부는 별로 두드러진 색의 변화는 나타내지 않지만 다른 세가지 에테르체가 나타내는 색채는 현저하며

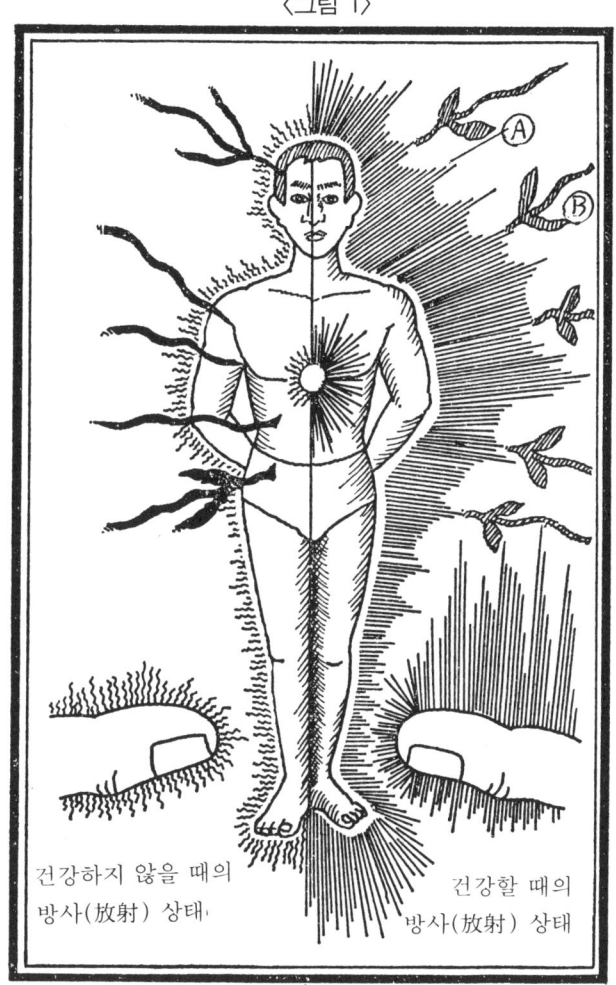

〈그림 1〉

〈그림 1〉〈그림 2〉는 루스-베르티의 〈영적의식의 개발〉에서

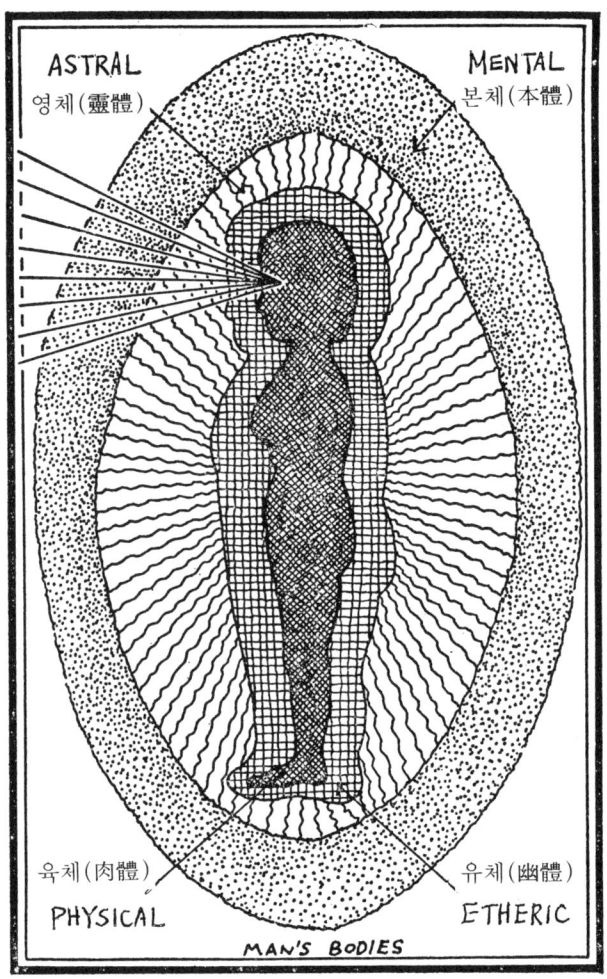

〈그림 2〉

더욱이 천태만상이다. 이른바 오오라는 저마다인 에테르체의 피부라고 생각하면 된다.

그럼 그 네가지 기관에 관해 간단히 설명하면,

(1) 육체＝이는 일상으로 사용하고 있어 더이상 설명하지 않겠다. 피부가 육체의 '오오라'라고 생각하면 된다.

(2) 유체＝죽고나서 최초로 사용하는 기관인데 주로 감정이나 정서의 매체가 된다. 이것에는 다음의 두가지 종류인 오오라가 있다.

① 자기성(磁氣性) 오오라〔제1도 (A)〕

약간 푸르스름한 백색이며 심장의 고동과 더불어 피부를 따라 항상 조용히 물결을 치고 있다.

이 오오라는 말하자면 방탄 조끼와 같은 활동을 하며, 늘 신체의 보호를 하고 있지만 일단 노여움이나 슬픔, 정신상의 고뇌 등으로 마음이 어지러워지면 저항력을 잃어 세균이나 병균의 침입을 허용하게 된다.

그러나 동시에 회복력 또한 왕성하며 이른바 심령 치료가 중에는 자기의 자기력에 의해 환자의 회복력을 증진시키는 사람도 있다.

그것과 또 하나의 활동은 자기와는 질이 다른 사람의 오오라로부터 몸을 지키는 일이다.

② 전기성(電氣性) 오오라〔그림1 (B)〕

한여름의 들에서 볼 수 있는 아지랑이처럼 앞에서 설명한 자기성 오오라의 속부터 뾰족뾰족 내밀고 있는 게 전기성 오오라이다.

자기성의 오오라와 마찬가지로 푸르스름한 빛을 내뿜고

건강한 때에는 원기있게 똑바로 뻗치고 있지만, 컨디션이 나쁠 때에는 자못 기운이 없는 것처럼 시들시들하다.

이 오오라의 활동은 촉수로 생명의 흐름을 탐지하고 우주의 생명 원소 곧 생명의 카로리(열량)를 섭취하는 일이다.

유체는 육체의 건강과 밀접한 관계가 있고 따라서 유체의 피부라고 할 오오라에는 육체에 직접 관계되는 욕망, 예를 들어 식욕이나 성욕 등이 잘 나타난다.

육체의 피부를 심령의 눈으로 관찰해 보면 오오라가 활발히 뿜어지고 있음을 보게 된다.

(3) 영체＝그림에선 깨끗한 계란 모양으로 되어 있지만, 이는 원만하게 발달했을 때의 모양으로서 실제는 사람에 따라 갖가지로 모양이 다르다.

주로 이성(理性)의 매체이고 의식이나 욕망, 사상 등이 잘 나타난다. 따라서 영체의 오오라를 보면 그 사람의 본성(本性)을 대강 알게 된다.

인간의 의식이나 사상은 늘 변화되고 있으므로 이 오오라가 두번 다시 같은 색채를 띠는 일은 거의 없다.

(4) 본체＝이것은 특히 위대한 인격자나 종교가, 영각자(靈覺者)라고 일컬어지는 사람에 한해서 볼 수 있는 것이며 평범한 사람, 그러니까 대부분의 사람은 거의 이 기관을 사용하고 있지 않다.

그 색채는 밤하늘의 저 맑은 청색과 닮고 있다고 밖에 표현할 방법이 없다. 그림에서 보는 형체는 뛰어난 영각자의 예로서 보통사람은 좀더 빈약하다.

다음은 오오라에 나타나는 색깔과 마음에 관해 설명하기로 하겠다.

백색과 흑색=흰색과 검은색은 선함과 사악함의 양 극단의 상징이다. 이 뒤에 설명하는 어느 색채라도 흰빛이 강해질수록 선함이 강한 것을 의미하고, 거무스름할수록 열악함을 나타낸다.

캄캄한 구름과 같은 양상을 띠고 있을 때에는 증오로 불타고 있을 때이다.

적색(빨강)=한마디로 빨강이라 해도 종류가 여러가지이다. 활활 타오르는 불길과 같은 빨강은 분노를 나타낸다. 그러나 같은 분노라도 자기 욕심에서 발하는 것과 어쩔 수 없는 정의감에서 발하는 이른바 의분이 있고, 전자일 경우는 화재처럼 검은 연기가 뒤섞여 있지만 후자인 경우는 선명한 진홍색이다.

청색(파랑)=종교심의 상징이다. 그러나 같은 종교심이라도 정도의 차가 있고 일체의 명리(名利)를 버린 욕심없는 종교심은 보기에도 선명한 청색을 나타내고, 맹목적이거나 이익을 목적으로 한 신앙일 경우는 어딘지 검은 색을 띤다.

황색(노랑)=지성과 지혜의 상징이다. 지혜가 뛰어난 사람이나 논리적 사고력이 발달한 사람의 오오라를 보면 머리 언저리가 황색으로 빛나 보인다.

자색(보라)=사랑의 상징이다. 정적인 사랑은 장미색을 나타내고 영적인 사랑은 백색에 가까와진다.

진황색(오렌지색)=야망과 교만의 상징.

녹색(푸르름)=대체로 융통성이 있는 성격을 나타낸다. 담백한 녹색일 때는 자비심이나 동정심이 많고 거무스름하다면 교활성 곧 약삭빠른 인간임을 나타낸다.

회색(잿빛)=우울한 때라든가 의기 소침할 때에 볼 수 있는 색채로서 그 극단이 공포심이다.

그런데 오오라의 색채는 어디까지나 마음의 반영이고 결과이지만, 제2도의 세가지 에테르체(體) 및 육체는 층을 이루고 있는 게 아니고 서로 겹쳐져 침투되고 있으므로 근본에 있어선 육체에 바탕을 두고 있는 것이 된다. 그렇다면 사상과 같이 육체와 직접 관계가 없는 것이라도 그것이 장기에 걸쳐 지속되면 언젠가는 육체에 무엇인가의 영향을 미치게 된다는 것을 예상 할 수 있다.

우리들은 그것을 단지 외계로부터 몸을 지킬 뿐아니라 사심(邪心)이나 저속한 사상과 같은 이를테면 '자기가 만든 잘못'으로 부터 몸을 지킬 필요가 생기는 것으로서, 그 '호신술'이라고 할 것이 다름아닌 전장에서 설명한 정신 통일인 것이다.

제4장   유체이탈 능력

> '인간은 육체외에도 유체와 영체와 본체로서 구성되어 있고, 의식의 중추가 육체에 두어져 있는 게 지상 생활이지만, 그 중추가 육체로부터 일시적으로 유체에 옮겨지고 그런 유체가 육체로부터 이탈되는 현상을 말한다.'

이런 현상에 관해선 필자 자신이 매우 인상적인 체험을 하고 있으므로, 우선 먼저 그와 같은 체험을 소개하고 이어 그것을 참고로 하면서 현상의 일반적 원리 혹은 특징과 같은 것을 설명하고 끝으로 양성법에 관해 설명할까 한다.

그 체험이란 잊을 수도 없는, 내가 중병으로 위독 상태에 있었을 때의 일로서 시간은 새벽 4시 경이었다고 기억된다.

문득 잠이 깨자 의식이 몽롱해져 있고 금방이라도 죽을 것만 같은 느낌이 들었다. 이것은 위험하다 생각하고 필사적으로 구원을 청했다 싶었는데 극도로 쇠약한 몸으로 부터는 소리다운 소리도 나오지 않았던 모양으로서, 바로 옆 침대에서 자고 있는 가족은 몸을 꼼짝도 하지 않았다.

하지만 어떻게든지 누군가에 알리지 않는다면 이대로 저세상에 가버린다고 생각한 나는, 마지막 힘을 쥐어짜고서 침대에서 내려와 옆 침대를 향해 두 세 걸음 걸었다.

그때 별안간 의식이 멀어짐을 느꼈다. 이것은 안 되겠다고 생각한 나는 곧 방향을 돌려 침대로 돌아갔던 것인데, 간신히 침대에 손이 닿아 누으려고 했을 때 마지막 의식이 끊겨 그 뒤로는 아무것도 모르게 되었다.

그러고서 몇 분 지났는지 모르지만, 문득 의식이 돌아왔으므로 서둘러 주위를 둘러 보았더니 기묘한 일로서 자기의 눈앞에 자기의 몸이 누어있는 게 아닌가. 이런 체험은 처음이므로 그때의 놀라움은 이만저만이 아니었다.

그러자 이윽고 또 기묘한 일이 일어났다. 눈앞에 있는 자기의 몸에서 그것과 꼭 닮은 형태의 것이 쑥 떠올라 오더니, 30cm가량의 높이인 곳에서 신체와 평행으로 조용히 멈추었다. 자세히 보았더니 그'무언가'와 신체와는 광휘성(光輝性)의 끈으로 이어져 있고 영락없는 '애드 벌룬'이 바람에 흔들리는 듯한 모습으로 조용히 흔들리고 있었다.

나는 놀라움과 이상스러움으로 눈을 동그랗게 뜨고 열심히 바라보고 있었지만, 이윽고 돌연 의식이 사라지고 다음에 의식이 돌아왔을 때에는 나는 그 무언가의 속에 들어가 있었다.

그 속에 들어가고서 부터는 의식이 전보다 뚜렷해진 것처럼 느껴졌다. 동시에 놀라움이나 무서움이 사라졌다. 그러자 또 새로운 일이 일어나기 시작했다. '빛의 담요'라고나 할 따뜻한 것이 나를 감싸며, 그것이 따뜻함과 포근함과 에네르기를 무한으로 공급해 주는 것이었다.

나는 이 순간 생명을 실감했다고 느꼈다.

그 '담요'는 얼마동안 나를 싸주고 있었지만, 계속해서 일어난 일은 그것 이상으로 나를 놀라게 했다.

단단히 매고 있던 머리띠를 풀렀을 때처럼 눈 언저리가 별안간 편해지고 그것과 동시에 뭐라 형용키 어려운 기쁨과 환한 심정이 홍수처럼 흘러 들어왔던 것이다.

그 생생한 생명감을 도저히 유한(有限)의 언어로선 형용할 수 없다.

육체의 모든 세포에 철썩철썩 스며드는 게 느껴질 만큼의 강렬한 반응을 느꼈던 것이었다.

이것으로 나는 심신이 모두 원기를 완전히 되찾았다. 그리하여 곧 육체에로 되돌려졌던 것이지만, 나는 이 체험을 통해서 죽음이라는 것이 얼마나 단순한 것인가 하는 점, 바꾸어 말하면 조금도 두려워 할 것이 없다는 것을 깨달았던 것이다.

체험은 이상과 같은 것이지만, 계속해서 이 체험을 참고로 하면서 '유체이탈 현상'의 일반적 원리를 설명하겠다.

먼저 체험담 중에서 '무엇인가'라고 말한 것의 모습인데, 이것은 심령학에서 말하는 유체의 '껍질'에 해당되는 것으로 '복체'(複體)라고 부른다.

육체와 꼭 닮은 모양을 가졌고 항상 육체와 일체가 되어 활동하는 유질(幽質)의 기관이다.

그 본질에 관해서 현재까지는 '육안에 비치지 않는 반유동체'라고 일컬어지고 있을 뿐으로, 그 과학적 분석은 아직 최종적 결론을 내리지 못하고 있다. 그러나 물질의 일종이라는 점에는 이론이 없다.

아무튼 유체가 육체로부터 이탈이 되면 수면(잠)·방심상태(얼빠짐)·기절·무감각증 등이 일어나지만, 이러한 상태에 있으면서도 지상 또는 유계(저승)를 의식적으로 구경할 수 있는 사람이 영능자라고 불리는 것으로서, 무의식적으로는 누구라도 매일밤 수면중에 하고 있는 일이다.

그러니까 일반의 사람은 그 체험이 생각나지 않는다는데 불과하다.

유체가 이탈하고 있는 동안은 생명의 끈에 의해 육체와 이어져 있고 그 길이는 정신의 긴장도에 의해 늘었다 줄었다 한다.

 평안히 잠자면 생명의 끈도 부드럽게 풀리고 잘 늘어난다. 따라서 푹 잠잘 수 있다. 반대로 걱정이나 꺼림칙한 일이 있으면 생명의 끈이 굳어져 버려 잘 늘어나지를 않는다. 그러므로 유체는 떨어지기 힘들어지고 꾸벅꾸벅 졸뿐 잘 잠이 오지 않는다.

 수면중에 대체 무엇을 하고 있느냐고 곧잘 질문하지만, 영능자처럼 뚜렷한 의식을 간직하면서 자유자재로 행동할 수 있는 사람은 별도로 하고 대체로 보통 사람은 잠재 의식의 명령에 의해 움직이고 있다고 생각하면 된다.

 그 상태는 몽유병자의 행동과 비슷하다. 《유체 이탈현상》이라는 책의 저자로 유명한 말루돈씨는 이를 유체적 몽유현상(幽體的 夢遊現象)이라고 부르지만, 재미있는 표현이다.

 그럼 이런 영능의 양성법, 즉 육체에서 자유롭게 빠져나와 의식적으로 지상 또는 유계를 구경할 수 있게 되기위한 방법을 두가지 소개해 두겠다.

 제1의 방법은, 먼저 방을 완전히 닫고서 도어도 노크되지 않도록 궁리한다. 유체는 오관(五官)으로 느껴지는 범위의 모든 물질을 관통하므로 도어를 잠그어도 상관없다.

 그렇게까지 하여 방해를 막는 까닭은 앞서 설명한 생명의 끈과 정신상태와의 관계로서 이해될 것이다. 유체에는 육체를 지키려 하는 본능이 있는 것이다.

 다음에는 통일을 취한다. 정신 통일이 깊어졌다면 사방의 하계(下界)를 굽어볼 수 있는 높은 산의 정상에 선 심정이 되어, 거기서 조용히 평소의 생활을 반성하고 그 생활속에서 수많은 신의 은총을 찾아내어 그 하나 하나에 감사의 생각을 바친다. 그리고 동쪽을 향하여 그 방향의 전인류와 대자연에 신의 은총이 있도록 기도한다.

그리고 서쪽, 남쪽, 북쪽에도 같은 일을 반복한다. 그것이 끝나면 비로소 자기 자신의 성공을 위해 신의 지혜와 지도를 부탁한다.

다음에 다시 마음을 방으로 되돌려, 어떤 하나의 목표를 정한다.

목표를 정했다면 그곳에 다다르기 까지의 행동을 마음속에서 그려나간다.

예를 들어 먼저 일어나 문 쪽으로 걸어 간다. 자물쇠를 연다, 문을 연다, 닫는다, 길로 나간다, 그리하여 '만일 차로 갈 작정이라면' 차의 문에 손을 댄다. 연다. 차안에 들어간다. 차 문을 닫는다. 키이를 돌린다. 액셀(가속시)을 밟는다. 그리고 드디어 목적지로 향한다.

이런 식으로 평소의 몸이 하고 있는 일을 하나 하나 마음 속에서 그려나간다. 그러면 차츰 유체가 육체로부터 떠나 어느 틈엔가 유체로서 목적지로 가게 된다.

이 방법에서 주의해야 할 일은, 그렇게 하나 하나 마음 속으로 그려나가는 사이에 문득 자기가 위험에 마주 친 장면을 상상하는 일이 있다. 그런 때 결코 공포심을 품어서는 안 된다.

앞에서 설명했던 것처럼 유체는 육체를 지키려는 본능이 있으므로, 오관을 강력히 활동시키든가 긴장하든가 동요하든가 하면 유체는 곧 육체로 되돌아가고 만다.

제2의 방법은 수면 직전에 잠재 의식에 명령하는 방식이다. 기상 시각을 명령하는 것과 똑같이 하면 된다.

즉 잠자리에 들고나서 수면중에 방문하고 싶은 장소를 정하고, 그곳에 가서 이러이러한 것을 조사하도록 소리를 내어 자기에게 들려 준다.

다시 덧붙여 그것을 아침에 잠이 깨면 곧 보고하라고 명령한다.

우스꽝스럽다고 생각될지 모르지만, 사실은 이런 방법으로 성공한 사람이 의외로 많은 것이다.

이상 두가지 방법에 공통하는 특징은 어느 것이나 '의식의 작용'에 중점을 두고 있다는 것이다.

이것은 유체이탈 현상의 원리 그 자체가 의식 초점의 이동, 다시 말해서 육체로부터 유체에로 의식의 채널을 바꾸는 일에 있는 이상 극히 당연한 것이라고 하리라.

그런만큼 단 한 번이나 두 번 해볼 뿐으로서 도저히 이런 영능을 개발하기는 불가능하다는 것이 된다.

통일이 된 생활을 하면서, 생활 일체의 언동이 무언가의 형태이든 이런 영능의 양성에 이어지도록 노력하지 않는다면 안 된다.

그리고 방을 컴컴하게 하는 편이 좋다고 말하는 사람이 있지만, 육체로부터 유리되면 왕왕 물질적 생활의 감각, 특히 방향감각이 혼란을 일으키고 육체에 되돌아 왔을 때 일시적이긴 하지만 감각의 혼란을 가져와 어리둥절해지는 일이 있으며, 이것은 영능의 양성에 있어 바람직한 것이 아니므로 부드러운 빛의 작은 전구쯤은 켜두는 게 좋다.

제5장 물리적 초능력

No1. 물질화 현상

'인체 내의 영묘한 물질에 영계의 특수한 화학물질을 섞으면 '엑토프라즘'이라는 유동성의 물질이 된다. 이것을 영이 자기의 얼굴이나 손, 때로는 온몸에 걸치고 재현해 보이는 현상을 말한다.'

물리적 심령현상이라고 하면 물질화 현상과 직접 담화, 물품이동, 심령사진 등이 주된 것으로서 그 종류는 광범위하다.

본장에선 먼저 그 대표라고 할 물질화 현상을 다루기로 하겠다.

물질화 현상을 일으킬 수 있는 능력은 다른 심령 능력에 비하여 극히 드물고, 또한 때로는 아주 어렸을 무렵부터 나타나는 일이 있다.

물론 본인은 그것을 알지 못하고, 다만 그 아이가 있는 장소에 한해서 엉뚱한 현상이 일어나므로 가족이나 친구가 기분 나빠한다는 케이스가 많다.

이와 같은 선천적인 영능자는 어렸을 때, 일면으로선 매우 감수성이 강하고 약아빠진 것이 조숙하지만, 그 반면에 보통의 아이에 비해 뒤떨어진 데가 있고 저능아인 일마저 있다.

대체로 괴짜이다. 부모도 본인도 왜 이상한 현상이 일어나는지 알 까닭이 없고 커다란 고민의 원인이 된다.

그러나 그것은 이미 옛날의 일로서, 심령 지식이 상당히 보급된 오늘날에 있어서는 어딘가에 심령을 아는 사람이 있고 그런 능력을 너무 일찍부터 남용하지 않도록, 그리하여 평소엔 되도록 집밖에서 스포츠 등에 열중하도록 지도함으로써 귀중한 그같은 능력을 무턱대고 억누르거나 망치고 말든가 하는 위험을 피할 수가 있을 것이다.

또한 그렇게 하면서 조금씩 사후 세계의 이야기를 들려주고 영혼은 결코 악마가 아니며, 인간을 지키고 어려울 때 도와주는 '형제'임을 가르칠 필요가 있다. 그렇게 하면 본인도 가족도 자기들은 악마의 앞잡이가 되어 있다는 공포 관념에 사로잡히지 않아도 되는 셈이다.

그럭저럭 하는 사이 어느덧 현상이 일어나지 않게 되고 본인도 잊어버리고 만다는 일이 있다.

그리고 몇 년인가 지나고서 우연한 계기로 또 현상이 생기기 시작한다는 케이스도 있지만, 그때는 이미 지식도 있고 경험도 있으므로 이전과는 전혀 다른 각도에서 관찰하고 무언가의 궁리도 할 수 있다. 유소년 때부터 현상이 커지고 있는 일도 있다.

그럼, 자기에게 물질화 현상의 영능이 있다고 본 사람을 위해 양성법을 설명하겠다.

가장 좋은 방법은 5명에서 12명 까지의 인원수로 서클을 만드는 일이다. 다만 그 가운데의 두사람 내지 세명은 경험자여야 한다. 그리하여 그 중의 하나가 지도역을 맡는다.

앉는 방법은 원칙으로서 둥글게 앉고 손을 잡는다. 그리고 방의 한구석을 커튼으로 칸막이 한다. 그곳이 이른바 캐미넷(암실)이 된다.

커튼은 너무 무겁지 않을 정도의 두터운 것이 좋고, 예를 들어 '사아지'같은 것으로서 수수한 색깔이 알맞다.

나의 경험으로선 붉은 색이 있는 자주빛이 좋았지만 암자색이나 초록빛도 좋다.

영매의 위치는 보통 캐비넷의 커튼 앞이지만, 나중에 영측의 요구로 캐비넷의 안으로 들어가는 일도 있다. 그때는 둥근 자리가 무너져 말굽쇄 모양이 되지만 대형의 테이블을 놓고 그 둘레에 착석하며 양손을 테이블의 가장자리에 놓는 것도 좋다.

그때에 주의할 것은 양손을 맞잡는 것은 좋지만 엄지손가락만은 겹치지 않도록 한다.

그 이유는 엄지를 겹치면 인체에 흐르고 있는 영적 에네르기가 거기서 차단되는 것이다.

영매에 따라서는 입신 상태에 들어가는 일부터 시작하는 경우도 있다.

닥쳐올 물질화 현상에 대비하여 영매를 갖가지로 꼬드겨보는 셈으로서, 때로는 입신한 영매의 입을 빌려 방의 배치를 변경시키든가 어드바이스를 주든가 한다.

테이블을 사용하고 있을 경우는 먼저 테이블 경사에 의한 통신이 있고 이어 랩(두들기는 소리)이 일어나게 된다.

나의 경우도 그러했다. 랩이 아주 명료하므로 우리들은 그것을 '우체부의 노크'라고 불렀던 것이다.

통신의 방법은 알파벳을 사용하는 것인데 너무 질문을 연발하면 그 통신때문에 에네르기를 소모하여 정작 물질화 현상의 힘이 약해지고마는 염려가 있다.

물질화 현상이 일어나게끔 되기까지 얼마 만큼의 날짜가 소요되는가는 사람에 따라 다르므로 일률적으로는 말할 수 없지만, 엄청난 끈기와 참을성을 필요로 하는 일이 있음을 각오할 필요가 있다.

하나 그럼에도 여러가지로 재미있는 낌새, 이를테면 빛이나 두들기는 소리, 누군지 방안을 돌아다니는 발소리, 달콤한 향내 등이 나타나든가 참석자가 누군가에 의해 만져지든가 하는 일도 있다.

그런 때는 반드시 목소리를 내어, 그것을 확인하는 일이 중요하다. 왜냐하면 영측은 그와 같은 작은 현상에 의해 본격적인 현상에로의 준비를 하고 있는 것이며 그것들이 인간측에 어느 정도 잘 나타나고 있는지를 테스트하고 있는 것이므로, 그런 결과를 즉각, 그리고 정확히 알릴 필요가 있는 것이다.

다음은 방의 온도와 조명인데 먼저 방안은 너무 추워서는 안 된다.

나를 돌봐 준 우수한 배후령은 20도 안팎이 알맞다고 말했다. 조명은 촉광이 낮은 적색 전등이거나 또는 빨간 등피의 소형 석유 램프가 좋다.

그것을 영매 및 참석자로부터 조금 떨어진 위치에 놓는다. 그리고 아무리 약한 빛이라도 눈에 직접 들어오지 않도록 전면에 무언가 스크린같은 것을 두는 걸 잊어선 안 된다.

현상이 일어나기 가장 쉬운때는 캄캄한 것이 제일 좋으나 인간측의 입장을 고려할 경우, 다소라도 조명이 있는 편이 여러 가지 점에서 유리하다.

비록 그때문에 현상의 박력이 얼마쯤 줄어들고 발생까지 시간이 걸려도 그런 손실을 메우고 남을 만큼의 유리함이 있다는 게 나의 생각이다.

영매는 대체로 방을 어둡게 하고 싶어하는 법이지만, 밝게 하는 데 반대하는 것은 반드시 영매만이라고 할 수도 없다.

참석자가 한시라도 빨리 심령 현상을 보든가 듣든가 하고 싶어 참지를 못하고, 더욱이 어둔 쪽이 빨리 일어난다는 걸 알고 있으면, 불을 끄고 싶어하기 마련이다. 내가 참석한 실험회에서도 다음과 같은 일이 있었다.

　처음에는 알맞은 정도의 적색 램프로 하여 매우 좋은 현상이 일어나고 있었던 것인데, 그 램프가 낡은 것이라서 불길이 커지든가 작아지든가 했다. 그러는 사이에 참석자는 불길이 작았을 때 직접 담화 등이 뚜렷하게 들리는 것을 깨닫게 되었던 것이다. 그러자 참석자 중에서 이미 직접 대화로 타계한 육친의 목소리를 들은 적이 있는 자가 불길을 한껏 줄여달라고 요구하므로, 요구대로 했더니 확실히 목소리나 그밖의 현상이 강해졌다.
　하지만 그때문에 과학적 가치, 즉 심령 현상의 과학적 입증이라는 점에선 큰 손실을 초래했다. 왜냐하면 애당초 밝음을 좋아하지 않는 영매가 그런 뒤로부터 입회자의 어둠을 구하는 마음에 영향되어 캄캄하지 않으면 실험에 응하지 않게 되고 말았던 것이다. 과학적 입증이라는 관점부터라면 이는 극히 유감된 일이었다.
　다음으로 실험중엔 되도록 음악을 배경으로 까는게 좋다. 그러자면 오르골(뚜껑을 열면 음악이 들리는 상자)이 적당하리라. 레코드를 트는 것도 좋지만 도중 레코드를 바꾸어 주어야 하는 불편함이 있어 좋지 않다.
　실험중엔 불필요한 시간과 동작을 낭비하지 않는게 중요하다.
　가장 좋은 것은 참석자가 찬송가와 같은 것을 밝게 제창하는 일이다.

현상이 일어나기 시작했다면 목소리를 작게 하는 게 일반적이지만, 미리 영측부터 현상이 일어나기 시작하면 노래를 하지 말라는 요청이 있을 경우도 있다. 그런 것들은 미리 잘 의논해 둘 필요가 있다.

대개의 물질화 현상에는 많든 적든 직접 담화 현상이 따르기 마련이다. 그러한 부수적인 직접 담화의 경우와 직접 담화 그 자체를 목적으로 한 실험회와는 방식이 다르다.
그것에 관해선 다음 장에서 말하겠다.
이것과 관련된 일이지만 영매들 중에는, 예컨대 멋진 물질화 현상을 보이고 있었던 것이 점차로 직접 담화 전문이 되거나 거꾸로 직접 담화에서 물질화 현상으로 옮겨가는 경우도 있다.
나는 그 쌍방의 예를 알고 있지만, 이것은 아마도 영측으로선 예정된 코스로서 한쪽의 영능이 다른 쪽의 영능을 끌어내는 역할을 하고 있다고 여겨진다.
끝으로 경고의 의미도 곁들여 하나의 실제 보기를 들어 두겠다.
물질화 영매로써 다년간 활약하고 있었던 우수한 영매가 차츰 건강의 쇠약을 나타내기 시작했다.
조사해 보았더니 이것은 영매로서의 일 그 자체가 신체에 나쁜 것이 아니고 참석자 중에 질나쁜 사람이 있어 의식적으로 장난을 하여 실험의 컨디션을 나쁘게 하고, 그것이 영매의 신경에 나쁜 영향을 미치고 있음을 알았던 것이다. 장난은 몇 번 있었던 모양으로 배후령도 그것을 깨닫고서 부터는 입신을 필요로 하는 물질화 현상에서 평소의 의식으로 할 수 있는 직접 담화 현상으로 서서히 바꾸어 나갔다. 그랬더니 아니나 다를까 건강쪽도 회복했다.

이런 예로서도 알 수 있듯이 어떠한 종류의 영매가 되는가는 본인의 희망에 의한 것이 아니고 배후령의 지도에 의해 결정되는 일이다.

제6장 물리적 초능력
No2. 직접담화 현상

'인간의 목소리와 같은 것을 엑토프라즘이 메가폰의 내부에서 만들고, 그것을 사용하여 말을 걸거나 노래하든가 하는 현상이며, 영의 생전 목소리가 거의 완전하게 재현된다.'

직접 담화 현상은 물리 현상 중에서도 물질화의 정도가 매우 가벼운 것으로서, 내가 아는 직접 담화 전문의 영매 중에는 물리 영매라고 부르기에 적당치 않다고 생각되는 자도 있다.

예를 들어 메가폰을 사용하고 있지 않은 경우로서 소리의 출처가 영매나 참석자가 아니고 공중에서 들릴 경우 등은 엑토프라즘은 전혀 사용되고 있지 않다고 생각된다.

원칙적으로 직접 담화의 실험에는 캐비넷이 필요하지 않다. 때로는 배후령 쪽에서 커튼을 사용해 달라고 요구하는 일이 있지만, 이것은 직접 담화에 부수하여 일어나는 다른 현상, 이를테면 접촉·빛·방향(芳香)등을 일으켜 역량을 시험해보기 위해서이다.

확실히 이러한 작은 현상은 담화가 시작되기 전에 곧잘 일어나므로, 미리 이쪽에서 영측에 캐비넷은 어떻게 하면 되느냐고 물어보면 좋다.

필요없다고 하면 참석자는 말굽쇠형으로 자리를 만들고 영매가 그 가장 끄트머리에 앉는다. 그리하여 그 반대켠 끝에 경험 풍부한 사람이 앉아 참석자의 자리 순서와 찬미가의 선택 등을 지시한다.

그런 사람이 없으면 이리저리 의견이 갈라져 일이 진행되지 않는다. 마찬가지로 실험중에 참석자가 입을 열더라도 찬송가를 부르거나 영에게 말을 거는 것은 좋지만, 참석자끼리 쓸데없는 말을 하는 것은 아주 나쁘다.

혹은, 물질화 현상에서 이야기했던 것처럼 원형 테이블의 둘레에 앉는 것도 한가지 방법이다.

다만 테이블은 되도록 칠을 하지 않은 것을 사용한다. 소나무나 느릅나무로 만든 게 최상이지만 소반은 좀처럼 입수되지 않으므로 보통의 테이블을 잘 닦고 칠을 벗겨내도 된다.

그런 테이블 중앙에 알루미늄제 또는 종이로 만든 메가폰을 준비한다. 테이블을 사용하지 않을 경우, 영측으로부터 특별한 요구가 없다면 둥근 자리의 중앙 바닥에 놓는다. 그리고 세숫대야에 물을 담아 방의 한구석에 놓으면 좋다.

또한 알루미늄제의 메가폰을 사용할 때는 시작하기 전에 그것을 물로 닦아두는 것이 바람직하다.

이 직접 담화 현상에선 참석자가 중요한 역할을 담당하므로 그 인선에 신경을 쓸 필요가 있다.

가장 중요한 조건은 마지막까지 보통의 상태를 유지할 수 있는 사람, 바꾸어 말하면 영매적 소질이 없는 사람이다.

왜냐하면 영적인 통로를 전문의 영매 한사람으로 압축할 필요가 있는 것이다. 그리하여 성격적으로는 쾌활하고 기민하여 나타나는 일체의 현상을 냉정히 인식하고 결코 떠들거나 억매이거나 참견하기 좋아하지 않는 사람이 바람직하다.

이와같은 인선은 아무렇지도 않은 것 같지만 막상 찾으려고 하면 좀처럼 뜻대로 되지 않는 법이다. 내자신 이런 직접 담화의 개발에 노력한 2년간에 그것을 뼈저리게 느낀 경험이 있다.

결국 그런 2년간, 거의 직접 담화다운 현상은 일어나지 않았지만 지금와서 생각하면 앞서 말한 영적 통로가 나 한사람에게 압축되고 있지 않았던 점에 원인이 있었던 것이다.

왜냐하면 참석자 중의 한사람이 때마침 영시 능력의 소유자라서 실험의 에네르기를 그 사람에게 빼앗기고 있었던 것이다.

하기야 나자신도 많은 실수를 하고 있다. 예를 들어 나에게는 영언 능력이 있으므로, 영혼이 직접 담화하기 위해 실험실에 모이면 나는 그만 그 말하고자 하는 바를 감지(感知)하고 알아 내자신의 입으로 지껄이고 마는 일이 있었던 것이다.

배후령의 피터 이야기에 의하면, 그런 짓을 하게 되면 직접 담화라고 하는 물리 현상에 사용되어야만 할 에네르기가 정신적 심령 현상을 위한 에네르기로 전환되고 말아 결국 직접 담화를 망치고 만다는 것이었다.

이걸로서 알 수 있듯이 영능 개발의 초기 단계, 혹은 조금 정도가 나아간 단계라도 실험에 사용되는 심령적 에네르기는 아주 미묘해서 배후령조차 자기가 영매의 입을 사용하여 지껄이고 있는지 영매로부터 떨어진 곳에서 지껄이고 있는지 모르는 일이 있는 모양이다. 물론 언제나 그렇다는 것은 아니다.

그러나 자칫 영매의 바로 근처에서 직접 담화가 나타나면 속임수의 혐의를 받을 위험성이 있으므로 주의가 필요하다. 대체적으로 무엇인가의 악조건때문에 에네르기가 약해졌을 때는 음성은 영매의 근처에서 들리는 모양이다.

내자신은 지금 설명한 잘못때문에 직접 담화 한 적은 없지만, 잠재적 능력을 갖고 있으므로 참석자 중에 직접 담화의 능력자가 있으면 그것을 끌어낼 수는 있는 모양이다.
　나의 장기(長技)인 입신 현상의 실험회에 있어서도 참석자 중에 직접 담화의 능력을 가진 사람이 있으면 본인이 깨닫건 깨닫지 않건 관계없이 어느 정도의 직접 담화가 일어나고 있다.
　물론 이 경우의 내자신은 입신 현상 쪽에 에네르기가 집중되어 있으므로 별다른 담화는 듣지 못한다.
　극히 외마디 정도로 더욱이 나 및 그 사람(잠재적 능력자)으로부터 고작 2~3피이트 떨어진 장소에서 밖에 소리가 나지 않는다.
　그렇지만 그런 사람은 제대로 양성법을 강구하면 훌륭한 영매가 될 수 있는 가능성은 충분하다.
　이런 영능의 양성에 어느 정도의 기간이 소요되는가의 문제인데, 이것만은 뭐라고 말할 수가 없다.
　내가 아는 범위만으로서도 12, 3회 했을 뿐인데도 좋은 성적을 올리고 있는 사람이 있는가 하면 3~4년 걸려도 전혀 없는 사람도 있다.
　다만 확실히 말할 수 있는 것은 잠재적으로 무언가의 영능을 갖고 있는 사람은 그와 같은 타인의 실험회에 참석함으로서 무의식 중에 능력이 강화된다는 점이다.
　물론 설명했듯이, 그 실험회가 목적으로 하는 영현상, 예를 들어 직접 담화 쪽에 에네르기가 집중되므로 개발이 늦어지는 일은 있다.
　그러나 실험회의 컨디션이 양호하고 시간을 1시간 내지 1

시간 반 정도로 그쳐 두면, 실험회에 참가할 적마다 착실히 발전한다.

하기야 이것은 어디까지나 잠재 능력을 가진 사람일 경우의 일로서 이미 한사람의 완전한 영매로써 활약하고 있는 사람이라면 이야기는 다르다. 그러한 사람이 영능 양성의 서클에 참석하는 일은 부담이 너무 크다.

본래 영매일 경우, 일과 양을 줄이면 다르다. 어쨌든 음악가 · 예술가 · 교사와 같은 직업을 가진 영매는 좀처럼 한가지에만 압축하는 일이 어렵다.

반복하지만 직접 담화를 진심으로 양성할 각오를 정했다면, 우선 인내력을 몸에 지니는 일이 선결 문제이다.

인내하며 기다리는 시간은 결코 낭비하고 있는 게 아니다. 그 점은 참석자도 마찬가지이다. 바른 조건아래서 행해지는 실험회는 참석자의 영능도 개발해 준다.

여기서 심령 사진에 관해 한마디 하겠다. 실은 나에게 이 방면엔 거의 체험이 없고 양성법을 시도한 일도 없으므로 설명할 자격은 없는 것이지만, 신뢰할 수 있는 심령서에 의하면 이 영능은 매우 변덕스런 모양이다.

즉 매우 훌륭한 심령 사진이 찍혔는가 하면 아무리 노력해도 그것 비슷한 것이 촬영되지 않든가 한다.

나의 추측으로서 말하면 이것은 아마도 참석자가 무의식 중에 방해하고 있는 게 아닌가 싶다. 예를 들어 좌석을 바꾸든가 할 뿐으로서 영적 에네르기의 흐름이 원활하지 않는 일도 있는 것이다.

참석자로서는 별로 악의가 없고 오히려 이러한 편이 좋은

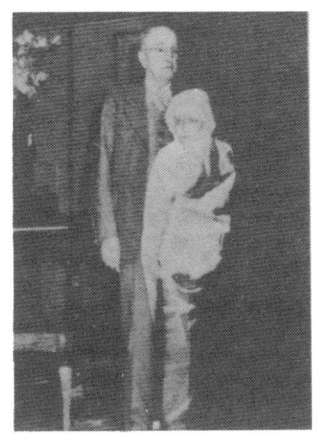
▲ 밀러 박사와 그의 죽은 딸 헬렌.

▲ 합성 사진

▲ '엑크포토프라즘이 육체로 변할 때'라는 미국의 합성 사진.

게 아닐가 하는 것과 같은 호의적인 사람도 있는 것인데, 심령 실험의 조건에는 상식으로선 상상도 미치지 않는 일이 얼마든지 있다.

영측에서 요청이 없는 한, 좋은 결과가 나타났을 때 조건을 멋대로 바꾸지 않는 편이 좋다.

심령 사진의 원리는 어떠한 심령서라도 명확한 해설이 없지만, 호라스·리프 저 《이것이 초능력이다》에는 상당히 자세하게 기술되어 있다.

제7장 물리적 초능력
No3. 테이블 현상

'테이블이 기울어지든가 다리로 바닥을 두들기든가 하며 통신을 보내 오는 현상으로서, 미리 암호를 정해 둔다. '예스'일 때는 3도 경사된다, 혹은 세 번 바닥을 두들긴다. '노우'일 때는 두 번이다 하는 식이다.'

나의 전문인 영언 현상은 별도로 하고서 그것 이외의 심령 실험에서 내가 가장 경험 풍부한 것이 테이블 현상이다.

테이블 현상이라 하면 사람은 흔히 이렇게 말한다 —— '그렇게 참을성이 필요한 실험은 이제 질색입니다. 한 글자 한 글자 테이블이 기울면서 가까스로 외마디의 문장이 완성된다. 아무리 말한다 해도 답답하여 힘이 듭니다'고.

다만 그것 뿐의 것이라면 테이블 실험도 우스꽝스런 것일지도 모른다.

그러나 내가 이제까지 얻은 테이블 실험에 의한 통신 중에는 만일에 자기가 영혼 부정론자였다면 다른 어떠한 현상보다도 이 한구절에 의해 영혼론자가 되었을 것으로 생각되는 참으로 명쾌하고 정확한 것이 주옥처럼 산견(散見)되는 것이다.

그러한 통신 내용도 내용이려니와 영능 개발의 출발점으로써 이 테이블 실험은 안성마춤의 것이라고 생각된다. 내가 아는 영매 중에도 테이블 실험에 의해 자기에게 영능이 있음을 알고 개발하기에 이른 사람이 적지 않다.

테이블 현상은 사람에 따라 물리적 심령 현상의 부류에 넣든가 정신적 심령 현상에 넣든가 하고 있지만, 나는 어느 쪽인가 한쪽으로 국한하는 것은 무리이고 쌍방의 성격을 가진 것으로써 다루는게 타당하다고 생각한다.

테이블 현상에 의해 인간의 사후 존속을 입증하기에 족한 고도의 영계 통신을 얻음과 동시에 각종의 물리 현상이 아울러 발생하기 때문이다.

테이블 현상이라 하여도 단지 테이블 현상만이 일어나는 것은 아니다. 방의 여러 곳에서 랩이 들리든가 둥근 빛이 보이든가 방향(芳香)이 풍기든가 한다.

참석자의 수는 방의 크기에 여유가 있다면 몇 명이라도 상관이 없다. 그러나 그 인선에는 앞에서도 말했듯이 주의가 필요하다.

좌석의 선정법은 남녀가 번갈아 앉는 것이 바람직하지만, 남녀의 수가 동수가 아닐 때는 얌전하고 예민해 보이는 남성이 여성을 대신하고 활발하고 남성적 여성이 남성을 대신하면 된다.

밝음은 어둠침침한 정도로 한다. 의자는 장식이 없는 나무로 만든 게 좋다. 오르골을 사용하는 것도 좋지만 반드시라고 할 정도의 것은 아니다.

그 대신 참석자 전원이 실험의 초기에, 그러니까 아직 아무 것도 일어나기 전에 찬송가라도 노래하면 된다.

요는 방안의 공기에 상쾌한 진동을 주는 데에 있다.

지도자로써 지시를 담당하는 사람이 필요한 것은 앞 장의 경우와 같지만, 그밖에 테이블 실험에선 특히 씌어진 글씨를 읽는 역할과 또 한사람 이것을 기록하는 소임의 사람이 필요하다.

기록하는 사람은 당연히 한 손을 사용하게 되므로 테이블에

동석하여 모두와 마찬가지로 두 손을 테이블에 얹을 수가 없다.

  그래서 한사람만 테이블로부터 떨어진 곳에 있어야만 하는데, 초기의 단계에선 아직 기록할만큼 긴 문장의 혹은 가치있는 통신은 오지 않고 혼자만이 우두커니 앉아 있는 것도 김이 빠지므로, 어지간히 현상이 왕성해지기 까지는 모두 함께 앉는 편이 좋다.

  나의 친지중에 혼자서 하여 좋은 성적을 올린 사람이 있지만 나는 이 방식은 권하고 싶지 않다.

  혼자보다는 두사람, 두사람보다는 세사람으로, 숫자가 많을 수록 현상의 위력이 느는 게 보통이다. 다만 많아지면 그 만큼 통솔에 힘이 드는 것은 확실하다.

  앞에서도 말했던 것처럼 버석버석 하며 돌아다니든가 아직 도인가 하는 짜증스런 심정이 실험에 있어 가장 방해가 되므로 인원은 서너 명 정도라고나 할까.

  그럼, 일동이 좌석에 위치하고 양손을 맞잡고서 [엄지는 겹치지 않고] 테이블 위에 놓았다면, 리더가 간단한 기도를 소리내어 올린다.

  즉, 영이 제대로 차질없이 그 존재를 인간에게 보일 수가 있도록 신의 가호와 원조를 부탁하는 셈이다.

  이것은 어떠한 심령 실험이라도 꼭 해야 한다고 생각한다. 좋은 문구가 떠오르지 않을 때는 '주기도문'이라도 좋다. 대체로 인간은 기도라 하면 겸연쩍어 하며 마음먹은 것을 제대로 입밖에 내지 못하는 법이다.

  그러나 그러면서도 교회에서의 판에 박은 타입의 기도에는 큰 목소리로 제창한다.

　나의 보는 바에 의하면 실험회에 출석하는 사람에게 두가지의 타입이 있는 것 같다.

　하나는 어떠한 진기한 것이 일어나는가를 다만 '보자'고 하는 기분으로 임하는 사람, 또 하나는 정말인지 거짓말인지 알아내자 하는 좋게 말해서 과학적 정신으로 임하는 사람이지만, 나로서 말한다면 어느 타입이건 아직은 진짜가 아니다.

　즉, 자기가 지금 임하고 있는 사태가 얼마나 의미심장한 것인지를 모르는 사람들이다.

　어떠한 형식에서이든 '사자(死者)'와의 통신을 기도한다는 것은 예사롭지 않은 사건인 것이다.

　어지간히 순진하고 어지간히 고상한 동기에서가 아니라면, 이런 유의 실험에 임해서는 안 된다.

　그래서 실험회를 시작함에 즈음하여 경건한 기도를 올리는 일이 바람직한 것이지만, 테이블 현상의 경우는 찬송가 혹은 무언가 그것과 비슷한 적당한 노래를 조용히 부르는 일이 아주 효과적이다.

　노래하는 사이 이윽고 테이블이 경사되기 시작한다. 이때 중요한 일은 다만 응시하고 있지 말고 '자, 힘내라'하는 식으로 테이블에 응원하는 것이다.

　이것은 실인즉 영계의 기술자에게 현상이 일어나고 있음을 알리는 것이 되기도 하는 것이다.

　테이블의 경사가 심해졌다면 일단 거기서 정지하도록 부탁 드리고 통신을 위한 신호에 대해 의논 할 필요가 있다.

　신호는 예컨대 3도 경사되었다면 '예스', 1도는 '노우', 2도일 때는 '잘 모른다'는 식으로 한다.

이것을 두 세번 연습하고서 잘 된다는 것을 확인한 뒤 이번에는 문자의 철자로 진행시킨다.

먼저 한사람이 알파벳을 하나하나 읽어 그 한 단어마다 테이블을 경사해 주도록 한다. 그리하여 한 매듭이 지어졌을 때 테이블을 바닥에 내리게 한다.

이것을 한 단어별로가 아닌 한 구절에다 경사시키는 방식도 있지만, 나의 경험으로선 전자인 편이 실수가 적다.

통신령에 베테랑이라면 여기서부터 곧바로 본론에 들어가도 좋지만 경험이 얕은 혹은 그날이 처음인 영(靈)일 경우는 연습을 위해 간단한 문구를 쓰도록 해보면 좋다. 그것이 잘 되면 본론으로 들어간다.

먼저 통신령의 신원을 확인하고 다음에 무슨 목적으로 통신하는가, 또 통신을 희망하는 영이 그밖에도 또 있는가를 묻는다.

만일에 그밖에 통신자가 있음을 알았을 때에는 실험의 초기단계에선 통신자를 한사람으로 압축할 것을 요구한다. 번갈아 하면 혼란을 일으킬 염려가 있기 때문이다.

실험자가 완전히 궤도에 올랐다면 다른 통신자가 나오도록 해도 좋지만, 두사람 이하여야 한다.

실험 시간은 1시간부터 1시간 반 정도가 좋다.

그런데 가령, 지금 테이블 실험에 참가하고 있는 사람 중에 영능자인듯 싶은 자가 발견되지 않는다고 하자. 그런 때는 통신령을 향해 누군지 특수한 능력을 가진 자가 있는지 없는지, 만일 있다면 그 사람을 지도할 사배령(司配靈)이 이미 준비되고 있는지 여부를 물어보면 좋다.

어쩌면 이쪽에서 묻기 전에 통신령 쪽에서 가르쳐 주는 일도 있다. 그러는 편이 물론 바람직한 셈이지만 두 세번 실험을 하여 그 점에 관해 아무런 말을 해오지 않을 때에는 이쪽에서 묻는 편이 좋다.

실험 횟수는 1주에 1회 내지 2회 정도. 나의 경우는 동료와 함께 일을 하고 있던 관계로 매일처럼 했던 것이지만 일반적으로 말하면 매일은 무리이고 또한 바람직하지 않다고 생각한다.

이리하여 실험회를 거듭하고 통신이 완전히 가능해졌을 무렵부터 참석자의 누군가가 영시나 다른 영능을 발휘하기 시작하는 일이 있다.

그런 때는 그 영능에 알맞게 다른 서클에서 양성하는 편이 좋다.

하지만 이와 같은 것이 되는 것도 테이블 실험 효용(效用)의 하나로써 올바른 조건아래서의 테이블 실험은 모든 영능의 온상이 되는 것이다.

그런데 이것은 일부의 사람에게서 들은 일이기는 하지만, 테이블 실험에서 엉터리 통신을 받아 혼이 났다는 것이다. 나는 그런 케이스를 자세히 검토한 결과 아무래도 그러한 사태는, 대체로 인간측이 영을 시험하려는 속셈으로 영측에 준비가 되어 있지 않은 난문을 제시했을 때 일어나고 있음을 알았다.

그렇다고 일방적으로 인간측에 죄가 있는 것은 아니다. 그 점을 자세히 해설해 두자.

우선 첫째로 생각되는 일은 영측에도 엉터리가 있어서 그만 과잉행동을 저지른다는 점이다.

결코 악의는 없는 것이지만 인간과 마찬가지로서 허영적이고 어떻게든지 사람 눈에 띄고 싶어하는 영이 있는 것이다.

그런 영은 제출된 질문에 대해 제대로 지식도 없는 주제에 아는 척 하여 대답하므로, 추궁되면 그만 마각(馬脚)을 드러내고 마는 셈이다.

다음으로 생각되는 일은 테이블이 참석자의 잠재 관념에 의해 움직여지는 경우이다.

일동이 테이블에 손을 얹고 있으면, 각자로부터 방사되는 영기(靈氣)가 테이블에 충만한다. 이렇게 되면 사소한 의식의 작용에도 반응을 나타나게끔 된다.

보통은, 이런 상태를 영이 이용하여 통신을 보내는 것인데 난제를 떠맡은 영이 테이블의 컨트롤을 그만 소홀히 한 그 틈에 참석자의 생각이 작용되어 자동적으로 그 생각 대로의 글을 엮고 마는 셈이다.

때로는 참석자 이외의 생각이 테이블을 컨트롤하는 일도 있다. 그렇게 되면 통신 내용이 지리멸렬해지든가 오해를 낳는 듯한 내용이 되든가 하여 초심자를 미혹하는 결과가 된다.

참고삼아 나는 이제까지 수백 번이나 테이블 실험을 해왔지만, 단 한번도 그러한 사태가 된 일은 없다. 나의 친구 한사람이,

'테이블 통신이란 것은 모두 엉터리이지요. 나는 스스로 말하고 싶다는 것을 전부 테이블로서 쓰도록 했지요'라고 말한다. 과연, 그런 일도 가능할지 모른다.

그러나 대체 무엇때문에 그런 짓을 하는 것일까? 자기의 머리에 있는 별것도 아닌 것을 고의로 테이블에게 쓰도록 해서, 대체 무슨 소용이 있다는 것일까? 다만 그것 뿐의 단계에서 끝나고 그곳에서 한걸음도 나가지 못하는 어리석음을 가엾다고 할 밖에 없다.

인간이 한 마음으로 사후의 존재 증명을 얻고 싶다고 생각하듯이, 저승의 형제도 그것을 증명해 보이고 싶다고 한 마음으로 원하고 있는 것이다.
　중요한 일은 그런 형제들의 소원이 이루어지게끔 인간측에서 될 수 있는 한 받아들이는 태세를 갖추는데 있다. 부질없이 인간의 작은 꾀로 책략을 부려 훼방을 해서는 안 되는 것이다. 미래를 예견한다는 점에서 영쪽이 훨씬 인간보다 '상수'임을 알아주기 바란다.

제8장 영언능력

'입신한 영매의 성대와 잠재의식을 사용하여 이야기 하는 현상으로서, 영 자신의 특징이나 사상, 말투 등이 상당히 재현되지만 어느 정도 영매의 체질과 잠재의식에 의한 영향을 면할 수 없다.'

입신 상태에도 세가지의 종류가 있다. 하나는 완전 입신, 즉 영혼이 영매의 두뇌를 완전히 지배하는 경우로서 영매는 무의식이 되고 자기를 통해 무엇이 이루어지고 무엇이 이야기 되었는지 전연 기억이 없다.

제2는 마찬가지로 입신하여도 극히 짧은 시간만 무의식이 되는 경우이다. 그런 시간을 제외하면 의식이 전부 남아 있어 자기가 지금 무엇을 지껄이고 있는지 어떠한 일이 일어나고 있는지 안다. 그러나 그것에 간섭은 하지 못한다.

만일 간섭하려고 한다면 단번에 정신 통일이 깨어져 실험을 망칠 염려가 있다.

제3은 처음부터 끝까지 의식이 전부 남아있는 경우이다. 즉 뇌의 지배 방식이 영혼보다도 영매 자신쪽이 앞서 있는 것으로서, 주위의 일체가 의식됨과 동시에 그럴 생각만 있으면 실험을 연장시키든가 끝내버리든가 할 수도 있다.

다만 이 입신에는 큰 장점과 동시에 큰 단점이 있다.

장점으로서는 과학이나 철학 등 흥미있는 화제에 관한 영의 이야기를 자기도 생생히 들을 수 있다는 점이다.

한편 그런 이야기 내용에 관해 아무런 지식도 없을 때에 듣고 있던 영매가 문득 의문을 느끼고 그것이 원인으로 그때까지 순조롭게 나가던 입신 상태가 어지러워져 통신이 끊기고 만다는 단점이 있다.

하기야 이런 사태가 되는 것은 영매 자신의 마음가짐에 문제가 있는 셈으로서, 1장에서 설명한 것과 같은 기초 준비가 되어 있다면 문제는 되지 않는다. 그 점만 주의하면 이런 입신 상태가 가장 양성되기 쉽다.

다만 아쉬운 점은 초심자 중에 느닷없이 제1의 완전 입신을 구하고, 이것이 되지 않는다면 입신 영매는 되고 싶지 않다는 등 응석을 하는 사람이 많다는 점이다.

서장에서 말한대로 사람 저마다에 특징이 있고 사명이 있으며, 반드시 자기 희망대로의 영능이 나온다고는 보증할 수 없다.

아무리 해도 입신할 수 없는 사람이 있고 할 수 있었다 하여도 그 양성에 몇 달이나 몇 년이 걸릴지도 모른다. 그러나 그것은 그것대로 의미가 있는 일로서, 그렇듯 장기간 끈기있게 수양하는 사이 영적으로 여러가지 준비를 해주고 있는 것이며 그것에 의해 자칫하면 받기쉬운 위해(危害)를 받지 않게 되는 것이다.

양성 기간중에 아무런 일도 생기지 않는 것은, 배후령이 결코 아무것도 하고 있지 않는 것은 아니다. 그사람대로 필요한 지도를 받고 있음을 알 필요가 있다.

이렇게 말하는 나도 사배령인 피터에게 완전 입신을 요구하고 아니면 입신은 싫다고 버티었기 때문에 부질없이 몇 달을 헛되게 보낸 경험이 있는 것이다.

그래서 영언 영매를 지망하는 사람에게 충고하고 싶은 것은, 처음인 동안은 제3에서 든 의식적인 입신 상대로 참고 배후령이 하는 일이나 말하는 것에 고의로 간섭하든가 의문을 품든가 하지말고 전면적인 협조적 태도를 취하는 일이다.

물론 최초부터 제1종의 완전 입신이 가능하다면 그것은 그것대로 좋은 일이고 실험 횟수와 조건을 무리없도록 마음가짐을 하면서 하는 게 좋다.

그러나 실제 문제로써 그와 같은 사람은 제3종의 사람에 비해 훨씬 적다.

그래서 반복하여 충고하지만, 대충 과정을 모두 밟고서도 아직껏 완전한 입신을 할 수 없을 때는 그 이상 무리하지말고 제3종의 입신으로 참는 것이다. 할 수 있는 한의 것이라는 의미는 자기가 놓여진 생활 조건 내에서 무리가 없고 허용되는 범위라는 뜻이다.

참석자의 입장부터 말해도 완전 입신한 무의식 상태의 영매 쪽이 환영받는 모양이다.

말할 것도 없이 그 이유는 프라이베이트한 일이 영매에게 알리지 않아도 된다는 마음 편함이 있기 때문이며, 또한 어떤 사람은 완전 입신 쪽이 영의 말하고자 하는 것을 고스란히 그대로 전한다고 생각하는 것 같다. 확실히 원칙으로서는 그렇지만, 이것에도 예외적인 것이 일어날 수 있으므로 주의가 필요하다.

예를 들어 완전 입신 영매는 대체적으로 나와 피더의 관계처럼 다만 한 사람의 사배령에 의해 컨트롤 되는 게 보통이다.

그런데 당연히 그 사배령은 흡사 베테랑의 통역처럼 통신을 희망하는 영혼의 말하고자 하는 바를 어떠한 것이라도 요령껏 전달하는 비결을 알고 있다.

그렇게 되면 영매는 확실히 무의식이지만 사배령쪽은 통신의 내용을 남김없이 듣고 있는 셈으로서 완전한 프라이버시는 유지되지 않는 것이 된다.
하기야 내가 그렇게 말하면,
"아뇨, 사배령은 별도이지요. 우리들 인간과는 사정이 다르니까요…. 무엇을 듣든 걱정하지 않습니다."
라고 말하는 사람이 있다.
실은 이 생각이 잘못되고 있는 것이다. 스피리튜얼리즘을 공부하면 곧 알게 되는 일이지만, 인간과 영혼은 다만 육체가 있는가 없는가의 차이가 있을 뿐으로서 인간적 개성을 갖고 있다는 점에 있어선 양자는 참으로 같다.
그렇건만 인간은 자칫 사배령이라고 하면 영계라 하는 한층 높은 세계에 살고 있으니까 인간과는 격이 다른 것처럼 생각되기 쉽지만, 실제는 꼭 그렇지도 않고 단지 전달자로서 특별한 적성을 갖고 있어 고용되고 있는데 지나지 않은 경우가 많은 것이다.
사배령 자신에게 있어선 그것이 이른바 봉사적 일이고, 그것을 수행함으로서 진화, 향상되어 가는 셈이다.
피터의 경우를 예로 들면 피터는 타계하여 영계에 왔을 때에는 별것도 아닌 여자였던 모양이다.
나이는 젊은 데다가 학문도 없다. 다만 관찰력과 감수성이 날카로왔기 때문에 지금의 일을 위임받은 모양이다. 하지만 그뒤에 지금의 일, 즉 나의 사배령으로서의 일에 힘쓰고 절망의 구렁텅이에 빠져있는 사람들을 많이 구해준 공덕으로 한걸음 한걸음 영계에서의 격이 향상되었다고 보고하고 있다.
타계한 영에게 있어 현계(現界)와의 연락 담당으로써 슬픔의 구렁텅이에 빠진 유족에게 위안을 주는 일만큼 보람있는 일은 없다.

　이렇게 즐겁고 이렇게 흥미있는 일도 달리 없을거라고 생각되지만 동시에 엄청난 희생과 엄한 수양이 요구되는 일이기도 한 것이다.

　가령 영적인 혹은 철학적인 문제의 강연 영매로써 연습을 쌓고 있다면, 영계에선 일찌기 지상에서 교사 혹은 목사로 있던 사람, 또는 사후 영계에서 특별한 훈련을 받은 사람이 사배령으로써 임명되어 그 준비를 한다. 영매에 따라선 그러한 강연 전문의 사배령 —— 설득력과 매력이 넘치는 연설가인 사람도 있고 두사람 내지 세사람의 사배령이 있어 한편은 고등의 강연에 종사하고 다른 한편은 사후의 존속을 증명하기 위해 개인 상대의 테스트에 종사한다.
　즉 타계한 가족이나 친지, 벗 등을 정확히 알아맞추든가 가족밖에 모르는 사적인 내용의 메시지를 전하든가 한다.
　나의 경우는 사배령이 피터 한사람이다. 그리하여 피터의 하는 일은 당초부터 개인 상대의 망자 신원조사가 전문이지만, 여차하면 학자 기질의 고급령 대변자가 되어 난해한 철학적 내지 과학적 내용의 강연도 하는 능력 역시 갖추고 있다. 그 솜씨가 좋고 순조롭기 때문에 듣는 사람에겐 본인이 강연하는 것과 조금도 다름이 없는 인상을 주고 있는 것 같다.
　때때로 영이 직접 나의 몸을 이용하여 꽤나 뛰어난 통신을 하는 경우도 없지않아 있지만, 보통은 피터가 사이에 들어와서 전달의 소임을 맡는다.
　그럼, 사배령으로부터 당신의 장기는 영언 현상이라고 알려졌다고 하자.

이 경우는 우선 앞에서 말한 3가지 종류의 입신 상태중의 어느 것이 가장 알맞은가를 묻는 게 좋다.

어쩌면 실제로 해보지 않으면 모른다고 할지도 모른다. 하나 어쨌든 혼자만으로 입신의 연습을 해서는 안 된다.

바람직하지 않을 뿐더러 때로는 위험을 동반하기 때문이다. 경험이 있는 영매와 지도자가 있는 큰 서클에 가입하는 일이 가장 현명하다.

물론 경험이 충분치 않은 혹은 전혀 경험이 없는 사람들의 서클에서 함께 하여도 영시나 자동 서기 등의 영능이 나타나는 일은 있다.

나의 경우도 함께 한 세사람의 여자 동료 중 두사람은 최후까지 영능다운 것은 무엇하나 나타나지 않았다. 그러나 모두 나를 위해 성심 성의껏 협력해 주었다.

지금에 와서 생각하면 영능 개발에 관한 사고 방식이나 자세가 되어 있었던 일이 무엇보다도 중요했다.

요즘 세상에서 이만큼 머리가 좋고 눈치 빠르고 적극적이며 더욱이 마음이 넓고 욕심이 없는 동료는 그리 간단히 발견할 수 없는 게 아닐까.

하기야 금전과 지위의 점에서도 이만큼 의지할 수 있는 동료도 드물다. 어쨌든 우리들은 심령서를 닥치는대로 읽었고 생각하고 또 생각했다.

그녀들에겐 복잡한 심정이라든가 기묘한 생각이라든가 어물어물하는 태도가 털끝만치도 없었다.

매사를 곧이 곧대로 받아 들였으며 남을 의심한다는 것을 몰랐다. 또한 좋은 티를 내려고도 하지 않았다.

예를 들어 버터를 사갖고 와서 뜯어 보았더니 변질되어 있다고 하자.

사람에 따라서 '가게의 녀석, 그런 줄 알면서 팔았다.'고 생각하겠지만, 그녀들은 이것은 먹을 수 없다고 판단되면 곧 가게로 가져 가서 '이런 것을 먹을 수 있어요.'라고 한마디 항의를 하고서 돌려 주고 이제 두번 다시 그 가게에선 사지 않겠다 하는 타입의 사람이었다.

실험의 방식도 마찬가지였다. 개방적이고 단순하며 곧이곧대로인 데다가 경계심도 경험이 없는 것이므로 영의 선악은 그 실험의 성과에 의해 판단할 밖에 없었다.

그와 같은 타입의 동료가 상임 멤버로써 협력해 주면 나머지는 이미 아무것도 필요없다 하여도 좋을 정도이지만, 유감스럽게도 오늘날에는 좀처럼 그런 사람이 발견되지 않는다.

단언해 두지만, 이제부터 그런 사람을 찾으려 해도 실망과 시간의 낭비가 많을 것이다.

그래서 앞에서도 말했던 것처럼 신뢰할 수 있는 영매와 지도자가 있는 서클이나 권위있는 심령협회 등이 개최하는 정신통일회에 가입하는 게 가장 무난하다.

이때 초심자는 흔히 개인 지도를 바라기 쉽지만, 그것은 꽤나 수준이 발전되고서가 좋고 처음엔 비교적 다수인 그룹의 속에서 하는 편이 그룹 전체의 영기(靈氣)와 자기(磁氣)를 받을 수가 있으므로 개발을 촉진하는데 도움이 된다.

그럼, 드디어 통일 연습에 들어가 손발에 따끔따끔 마비를 느끼기 시작했다면, 그사람은 내가 말하는 제1종의 입신, 곧 완전한 입신 상태에 들어가고 있는 사람이다.

때때로 머리 부분에 머리띠를 맨 것만 같은 느낌이 들든가 몸전체가 엄청나게 부풀은 듯한 느낌이 들든가 하는 일도 있다 [나의 경우로선 이런 느낌이 가장 강했다].

그러나 이런 느낌은 불쾌감이나 고통을 동반하지 않는 게 진짜이다. 개중에는 '괴롭기가 쇠벨트로 목을 조이는 것만 같아 하마터면 비명을 지를 뻔 했지요'라든가 '온몸이 가시에 찔린 것만 같아 죽을 것 같았지요'라든가 자못 큰일이었다고 말하는 사람이 있지만, 이것은 이른바 침소봉대의 타입이고 일상 생활에서도 호들갑스럽게 말하는 사람이다.

나쁜 사람은 아닐지 모르지만 남의 눈에 띄고 싶어하는 허영가이다.

내자신은 오랜 양성 기간중 단 한번도 고통이라든가 불쾌감을 느낀 일은 없다.

그렇다고는 하나 이른바 과민증인 사람은 확실히 있다. 그런 사람이 만일에 고통이나 불쾌감에 견딜 수 없게 되면 그것을 뿌리치기 위해 마음 속에서 스스로를 꾸짖거나 그래도 안 된다면 지도자에 부탁하여 뿌리쳐 달래도 좋다.

이것과는 대조적으로 몇 달 되어도 몇 년 지나도 아무런 변화가 나타나지 않는 사람이 있다.

매사가 귀찮어지고, 이것은 어쩌면 지도자가 나쁜 게 아닐까 라고 생각하든가 자기에겐 영능이 없는 거라고 생각하든가 이것저것 갈피를 잡지 못하게 되는 것이지만, 실은 이런 때에 돌연 완전한 입신 상태에 들어가고 마는 일도 일어날 수 있는 것이다. 심령은 상식으로선 짐작할 수 없는 성질의 것이다.

다음으로 만일에 내가 말하는 제2 및 제3의 타입의 입신 영매를 목표로 결정했을 경우는 절로 방식이 달라진다.

말할 것도 없이 제1종과 같이 모든 걸 영에게 맡기는 것과는 달리 어느 정도의 통상 의식을 활동시켜 영측과 공동 작업을 하는 것이 되기 때문이다.

먼저 적당한 그룹에 가입하고 지도 영매를 비롯하여 그룹의 멤버와 마음이 통할 수 있는 사이가 되는 일이 선결 문제이다. 어쩌면 웬지 싫은 사람이 있을지도 모른다.

그러나 바야흐로 그와 같은 개인적인 사소한 감정에 사로잡혀 있을 단계는 아니다. 뭐 일생동안 함께 사는 것도 아닌만큼 너무 신경을 쓰지 말아야 한다.

내가 알고 있는 부인으로서 무슨 일이든 친절하고 애교가 있으며 더욱이 뛰어난 영시 능력을 가진 사람이 있었다. 나의 권유로 훌륭한 양성 서클에 들어갔던 것인데, 얼마쯤 있다가 만났을 때 어떠냐고 물었더니,

"그것이 잘 되지 않는 거예요. 나로선 도저히 그런 사람들과 해나갈 수가 없어요. 도무지 이야기가 되질 않지요."

"도대체 어떻게 된 일입니까? 그 서클은 이제까지 몇 명이나 훌륭한 영매를 배출하고 있는 곳이지요."

"서클의 분위기가 싫은 거예요. 나는 아주 과민하여 인품이나 환경이 강하게 영향받는 거지요. 그곳의 멤버는 하나같이 나의 성격과는 맞지않는 사람들뿐. △△씨는 발음에 사투리가 있어 알아듣기 힘들고 ××부인은 땀을 많이 흘리는가 하면 △△양은 남의 비위만 건드리는 말만 하죠. 그 사람들은 틀림없이 남을 상처주는 오오라를 갖고 있을 거예요. 좀더 기분이 맞는 그룹을 찾고 싶은데 어딘가 알맞은 데가 없어요?"

물론 나는 모른다고 해두었다. 그리하여 바로 최근에 또

만났으므로 상황을 물었더니 그뒤 몇 개의 서클을 전전하여 결국 아무것도 얻은 게 없는 채로 6년 반을 헛되이 보내고 말았다는 것이었다.

요컨대 영능 양성은 자기의 희망대로의, 안성마춤의 조건을 구하여도 안 된다는 것이다. 자기가 누군가를 아주 싫어하듯 상대편도 자기를 싫어할지도 모른다.

호감이 가지않는 녀석이라고 생각할지도 모른다. 결국 피차 일반인 것이다. 그러므로 서로가 그런 사소한 일, 즉 영능 개발이라는 대목적에 직접 관계없는 문제에는 눈을 감고 자기가 지금 목적하고 있는 일에 집중해야 한다.

그것이 다름아닌 자기의 사배령의 감화를 예민하게 캐치할 수 있게 되는 일과 연결되는 것이다. 그러기 위해선 자기를 둘러싼 현세적인 환경으로부터 의식을 분리시키고 영계로 부터의 통신에 주의를 집중해야 한다.

이것은 물론 통일 연습중의 일로서, 그런 때 이외는 지도자로부터 특히 자택에서의 연습이 지시되지 않는 한 평소 그대로의 생활을 계속해야만 한다. 특별한 짓을 하고 있다는 의식을 가져서는 안 된다.

즉 누구라도 사귀고 어떠한 일에라도 흥미를 갖도록 힘써야 한다.

그리고 통일에 들어가기 직전에 되도록 마음을 평안하고 조용히 갖는 노력이 중요하다. 왜냐하면 배후령 쪽에서 미리 이것저것 준비하고 있는 그 파장(波長)을 받으면 평소보다 과민하기 쉬워지기 때문이다.

그런 것을 잘 이해하고 의지의 힘으로 짜증스런 마음을 안정시키면 웬만한 일로서 동요되지 않도록 될 것이다.

그렇게 말하는 나 역시 다년간 영매로써의 일에 종사하고 있으면서 지금도 때로는 실수를 저지른다.

예를 들어 이제 곧 실험에 들어갈 무렵이 되어 한 통의 편지가 배달된다. 뒤로 미루면 될 것을 그만 뜯어본다. 읽어보면, 갖가지의 고뇌가 씌어져 있다.

내자신은 가볍게 읽는 것이지만 배후령 쪽은 버려두지 않는다. 즉각 편지를 보낸 사람을 위해 이것저것 손을 쓰기 시작한다. 그런 움직임이 나에게 반응되어 별안간 마음이 다급해진다.

주사 한대로 고뇌가 딱 멎는 듯한 식으로 걱정거리가 해결된다면 편하겠지만 [심령을 공부하지 않은 사람은 영능자를 슈퍼맨처럼 생각하기 쉽다] 실제는 다만 신의 힘을 빌 밖에 없는 경우가 대부분이다.

어쨌든 나는 이제부터 실험을 개시하려 하는 중요한 때이므로, 한편에선 극력 배후령의 영향에 동요되지 않도록 하고 다른 한편으로선 편지의 내용을 잊도록 노력한다.

그렇게 함으로서 수동적이면서 동시에 과민한 상태를 유지하는 셈이다.

이것에는 심호흡이 가장 효과적이다. 나는 반드시 실험 전에는 이것을 하고서 시작하기로 하고 있다.

나의 방식은 이러하다. 실내에 있을 경우는 열어젖혀진 창가에 서서 코로부터 폐의 아랫 부분을 향해 빨아들인다. 폐의 윗부분 즉 가슴 윗부분은 되도록 넓히지 않도록 주의한다. 빨아들였다면 몇 초동안 호흡을 정지하고 이윽고 입으로부터 천천히 내뿜는다.

이런 방식으로 최초 두 세번 심호흡을 하고 이번에는 가슴 가득히 심호흡을 몇 번 한다. 심호흡에 익숙하지 않은 사람은 폐의 윗부분을 사용하는 보통의 호흡을 몇 번 편하게 해도 좋다.

하기야 방식에 구애받지 않고 편한 마음으로 하기만 하면, 어떤 방식이라도 좋다. 어쩐 까닭인지 나의 경우는 산책 등의 운동을 이른 아침에 하면 교령회에서의 컨디션이 나쁘므로, 그런 것은 교령회가 끝나고서 하고 있다. 원예를 아주 좋아하는데 이것도 실험 전에 하면 좋지 않다.

아무튼 심령 실험이 있는 날은 그것이 끝나기 까지는 무엇을 하든 흥이 나지 않는 것이다.

하지만 끝났다면 그야말로 밭을 매든가 모종을 하든가 요리나 바느질을 하든가 닥치는대로 뭣이든 한다. 하기는 실험의 내용에 따라선 체력을 상당히 소모하고 있는 일도 있어, 그런 때는 잠시 휴식하지 않으면 안 된다.

이런 요령은, 수양 시대는 물론 좀처럼 터득하지 못하여 실패도 많았지만 그런대로 분명히 일리가 있는 것이므로 초심자인 분으로서도 참고가 되리라고 생각된다.

만일에 내가 처음부터 이런 요령을 알았다면 얼마나 시간을 절약하고 의욕적으로 수양했을 것이다.

만일에 실험 장소까지의 거리가 멀 때에는 걷는 것은 금물이다. 갈 때는 교통수단을 이용하고 돌아올 때는 걷는다는 식으로 하면 좋다.

요컨대 실험을 위해 체력을 보존해 두는 것이다.

그렇기는 하지만 각자는 저마다 하는 일이 있고 개중에는 상당한 체력 소모를 강요되는 사람도 있으리라. 그것은 부득이한 것이므로 하다못해 일이 끝나고서 회장에 가기까지의 시간을 소중히 하고 심신이 모두 편안하도록 힘써야 한다.

　나의 경우도 동료인 셋 모두 꽤나 힘든 일을 마치고서 모였던 것이지만, 머리의 회전이 참으로 능숙했다.

　왜냐하면 실험이 기다려져 견딜 수가 없었던 것이다. 그리하여 그날의 실험에서 설사 아무런 반응이 없어도 결코 실망하지 않았다.

　실망은 커녕 오늘도 영계의 동료와 같은 방에서 서로 사귈 수 있었다 하는 기쁨으로 가득 했었다.

　그런데, 실험회는 기도로 시작해도 좋고 다만 묵묵히 조용히 하는 것도 좋다.

　혹은 본격적인 정신 통일부터 들어가도 좋다. 어쨌든 분위기가 성숙해졌다면 이번에는 자기의 주위에 배후령이 모여 있는 상태를 마음으로서 그려 보며 그들로부터 보내지는 통신을 수신할 태세를 갖춘다.

　이것은 제3종의 입신상태, 곧 유의식 상태로서의 사상 전달의 훈련이므로, 통상 의식을 잃지 않는 상태에서 배후령으로부터의 통신을 포착하지 않으면 안 된다.

　통신은 흡사 물이 흐르듯이 어디로부터인지 모르게 머리에 흘러 들어온다. 그것을 재빨리 읽는 것이지만, 그때 이것을 자기의 기호로서 거절하든가 분석하든가 해서는 안 된다.

　그런 짓을 하면 통상 의식이 지나치게 참견하고 나서 배후령이 전하고자 하는 것을 방해하기 때문이다.

　머리에 들어오는 사념을 그대로 한마디 한마디 입에 올려 전달하면 된다. 어물거렸다가는 흐름이 중단되고 만다.

　그 훈련을 위해 배후령이 실습 장소에 와 있는 '어떤 영'에 관한 정보를 전달해 보는 경우도 있다. 가령 그 영이 젊고 키가 큰 미인으로서 머리는 금발, 눈은 잿빛, 취미는 음악, 바로 옆에 있는 실습자의 부인으로서 2~3년 전에 교통사고로 타계했다고 하자.

이만큼의 정보가 당신의 머리속에 흘러들어오는 셈인데, 내가 지금 말한 순서로서 꼭 들어오는 것은 아니고 순서가 거꾸로인 경우도 있다.

혹은 사배령 쪽은 순서대로 통신하여도 받는 당신이 미숙하기 때문에 첫부분을 놓쳐버리고 단지 '자동차'라는 관념만을 포착하는 일도 있을 수 있다.

그럴 때에 느닷없이 자동차라는 말을 입에 올려선 안 된다. 우선은 자동차라는 관념을 간직한 채 다음의 정보를 기다린다. 그러면 밝은 머리-금발-키가 큰 여성-아름답다-젊다 하는 관념이 들어온다.

그러나 자동차와 연결되는 정보가 아무것도 없다. 하지만 초조해서는 안 된다. 지그시 그대로 수동적 자세를 유지한다. 그러면 '들린다' 라기보다는 일종의 '감', 즉 비극적 느낌을 받는다. 그때 재빨리 '자동차로 비극을 만나셨습니다'고 입밖에 내면 된다.

무사히 잘 전달된 것을 안 사배령은 계속해서 다른 통신에 들어간다.

이렇듯 영감(靈感)에도 본다, 듣다, 느낀다는 식으로 여러가지가 있으며 사배령도 어느 것이 가장 예민한가, 즉 어느 감각을 사용하면 가장 정확히 정보가 전해지는가를 테스트하는 셈이다.

이미지로서 비치지 않을 때는 당신의 영시력(靈視力)이

약하다는 것을 말한다. 나의 사배령인 피터는 정보의 내용에 따라 갖가지로 사용 구분하고 있는 모양인데, 1회의 교령회에서 전부를 사용하는 일은 거의 불가능하다고 한다.

그리고 완전 입신의 상태, 그러니까 사배령의 말하는 것, 행동하는 것, 모두가 의식되지 않을 때도 두뇌의 사용법은 유의식(有意識)의 입신 때와 똑같다.

다른 것은 후자일 경우, 의식이 있기 때문에 영의 정보에 쓸데없이 참견을 하여 취사 선택을 할 가능성이 있는 것인데, 그것도 익숙해지면 필요한 경우 재치있게 반복할 수가 있다는 장점으로도 되는 셈이다. 거기까지 숙달하게 되면 사배령 쪽도 일을 하기 쉬워진다.

그래서 완전 입신의 경우는 사배령이 영매의 신체 기능을 전부 조종해야 하므로 힘이 든다.

아무튼 이러한 초보적인 훈련으로써 사배령과 영매와의 관계가 순조롭게 되면 사배령은 지상의 친척 등에 통신을 보내고 싶어하는 영, 즉 통신령으로부터의 전하는 말을 영매에게 중계하는 일을 시작한다.

이때에 영청(靈聽)능력이 요청된다. 더구나 이미지의 형태가 아니면 전달할 수 없는 경우도 있다.

예를 들어 통신령이 '지상의 아들이 나의 초상화를 보고 있는 장면을 보았다'는 내용의 통신을 보내고 싶어한다면, 이것은 통신령의 초상화 옆에 아들이 서 있는 이미지(영상)를 보내지 않을 수 없다. 그러나 이런 케이스는 비교적 적다.

한마디로 정중하게 전해야 하는 편이 훨씬 많고, 이것에는 엄청난 훈련이 필요하다.

여기서 영청 능력은 대체 무엇인가 하는 의문을 갖는 분도 있으리라 생각되므로, 간단히 설명해 두자.

  나의 견해에 의하면 육체에 바로 '본다' '듣다' '만지다' '맡다' '맛보다'는 다섯가지 감각이 있듯이 영혼에도 그것에 해당되는 감각이 갖추어져 있다고 생각된다.

  바꾸어 말하면 사후에 있어 사용하는 영적 몸(훈련에 따라서 지상 생활중이라도 사용할 수 있지만)에도 위의 다섯가지 감각을 느끼는 기능이 훌륭하게 갖추어져 있다.

  더구나 그것 이외에도 우리들이 아직 모르는 감각 역시 몇가지가 있는 모양이다. 어쨌든 육안으로서 보이지 않는 혹은 귀에 들리지 않는 아득히 먼 곳의 사물 혹은 영계의 존재물을 인지(認知)할 수 있는 것은 다름아닌 그런 영적 오감의 활동인 것이다.

  완전한 영매 현상은 영매와 사배령과의 그런 오감에 의한 공동 작업이 있어야 비로소 이루어지는 것이다.

  입신 현상에 있어선 먼저 사배령 쪽이 영적 오감을 활동시켜 통신을 영매에 보낸다. 그것을 영매가 역시 영적 오감으로 받아들여, 다시 육체의 오관에 옮긴다고 하는 과정을 밟는다.

  앞의 초상화 예로서 설명하면 먼저 통신령으로서, 어떤 어머니와 아들과 초상화의 세가지 영상을 사배령이 받아서 영매에게 보낸다.

  영매는 영시 능력으로 그것을 캐치하여 육안에 비치고, 그것을 읽어 구두로 설명한다는 요령이다.

  사배령의 중요한 임무는, 영매에게 송신하기 까지의 시간을 되도록 짧게, 즉 재빨리 하는 일이다. 비유한다면 영체는 카메라의 렌즈에 해당되고 육체는 영상을 받는 인화지라고 생각하면 된다.

만일에 영상으로서 표현하기 어려운 통신을 보낼 때는, 사배령이 영매의 영과 육 양쪽의 청각을 이용하지 않으면 안 된다. 그런 때 영매는 한마디 한마디 보내져 오는 통신을 정확히 전하지 않으면 안 된다.

이때 누락이 있어선 안 되고 군말이 끼어들어서도 안 된다. 피터에 의하면 영상으로 전달하는 편이 훨씬 쉽다고 한다.

다만 영상인 경우는 그 전달 방법이 여러가지이다. 가령 누군가에게 병이라는걸 전달할 때, 영청이라면 다만 '누구 누구가 병입니다'고 말하면 되지만, 영상일 경우라면 베드에서 엎드려 있는 장면이라든가 가냘픈 모습으로 의자에 앉아있는 장면 등이 필요하다.

그런 영상을 내보냄과 동시에 병약한 무우드를 풍기거나 병으로 침범되어 있는 부분을 보이든가 하는 일도 있다.

피터의 이야기로선 인명(人名)은 성도 이름도 비교적 전달하기 쉽다고 한다.

영청 능력은 영시 능력보다도 먼저 개발되는 일이 많지만 동시에 나타나는 일도 있다.

어쨌든 그와 같은 영능을 아무렇지도 않은 일에 함부로 사용하는 것은 금물이다. 내자신의 체험으로선 영능을 사용하여 불쾌감이나 고통을 느꼈을 때에는 으레 '뭐, 괜찮겠지'하는 방자한 생각으로 반쯤 장난 삼아 했을 때이다.

방자하다고 말한 것은 영능을 갖 개발한 애송이는 경험자의 충고를 자칫 무시하기 쉽기 때문이다.

거기에는 나는 나다, 특별한 인간이다 하는 뽐냄이 있다. 그것이 남의 충고를 무시하게 만드는 것이다.

확실히 새로운 능력을 개발하여 영의 세계에 눈뜨고 그 희한함에 감동하면, 아무래도 그 매력에 사로잡혀 틈만 있으면 영의 세계에 잠기고 싶다는 심정이 됨도 무리가 아니다. 그러나 그렇게 되었을 때에는 이미 내가 최초에 설명한 영능 개발의 초보적 주의사항, 즉 인간으로써의 일상 의무를 소홀히 해서는 안 된다 하는 철칙을 잊고 있는 것이며, 이것은 옳고 그름을 불문하고 주의해야 한다.

다행히도 이와 같은 나쁜 폐단에 빠지는 자는 극히 소수이다.

대부분 사람은 영계의 존재에 눈뜨고 육친이나 친지가 지금도 계속 살아있음을 알게 됨으로서 종래보다 한층 열심히 인간으로서의 일상 업무에 힘쓰게 되는 법이다.

이러한 점에서 말하더라도 유의식 또는 반의식의 입신 쪽이 완전 입신보다도 유리하다.

왜냐하면 자기를 통해 얻어지는 현상이나 영계 통신을 자기 자신도 의식적으로 보거나 들을 수가 있기 때문이다.

내가 영능 양성을 시작한 무렵, 피터로부터 나를 완전 입신으로 하는 의도를 알게 되었을 때, 나는 극히 자기 본위적 마음에서 크게 실망하고 불만을 터뜨렸던 것이다.

그랬더니 피터는 나쁘다고 않겠으니 당분간은 '무조건' 하세요, 그러면 영계의 사물을 의식적으로 견문할 수 있게 해줄 테니 하고 약속을 해주었다.

그런 '당분간'이 수년에 이르렀다. 꽤나 기다렸던 셈인데 기다렸던 만큼의 보람은 있었다.

어쨌든 배후령의 충고에는 순순히 따라야 하는 것이다. 완전히 맡겨 버리는 것이다. 자아 의식과 꽁무니를 빼는 생각이 제일 나쁘다.

예를 들어 처음인 교령회에서 다수의 낯선 사람을 앞에 두고 갑자기 비쳐진 영의 모습을 설명하든가 상식적으로는 우스꽝스럽다고 생각되는 내용의 영계 통신을 전달하는 일이, 좀처럼 용이한 것은 아니다.

그런 때에 자기 판단을 삽입하든가 이런 것을 말해도 괜찮을까 하는 주저가 있어서는 안 된다. 천성적으로 수줍음이 많은 사람은 평소의 생활에서 되도록 그런 소극적인 버릇을 고쳐주기 바란다.

제2장에서 영능 양성에 앞서 정신 수양의 필요성을 설명한 것도 그 때문이다.

입신 현상뿐 아니라 영매 현상 전반을 통해 말할 수 있는 중요한 것을 여기서 말해 두겠다. 그것은 영매로써 한사람 몫을 할 수 있느냐 여부는 갖고 태어난 영력(靈力)의 많고 적음에 의한 것이 아니고 영매로써 적절한 성격과 하고자 하는 의욕이 있느냐 여부에 달려 있다는 것이다.

까닭인즉 나는 확신을 갖고서 말하지만, 인간이 갖고 태어난 영력이라 하여도 많고 적음은 분명하고 사람에 따라서 크게 차이가 나는 것도 아니다.

즉 선택된 소수자만 그런 은혜를 특별히 입고 대다수의 자는 극히 조금만 갖는다는 것은 아니다. 이 점은 단지 나 개인의 관찰에 의한 결론은 아니고 많은 영에 의한 증언을 얻은 바 있다. 결국 문제는 그것을 개발하고자 하는 의지가 있느냐 여부에 달렸다고 하겠다.

마음가짐 하나로서 성격도 능력도 기질도 바꿀 수 있는 것은 일상생활에서 얼마든지 예를 볼 수가 있다.

예를 들어 지금까지 해온 일이 사실은 성미에 맞지만 부득이

한 사정으로 다른 직업을 갖게 되었을 경우, 어느 틈에 생각도 의지도 그리고 또 야망까지도 바뀌고 만다. 도무지 일의 내용이 틀린다. 인생관도 정면으로부터 대립된다. 하지만 살아나가야 한다.

손에 잡은 새로운 일에 힘을 쏟을 밖에 없다. 그런 부득이한 사정이라도 결심 하나로서 새로운 일에 적응시킬 수가 있는 것이다.

나는 그렇다고 해서 자기 스스로가 멋대로 좋아하는 심령 능력을 골라 한사코 양성하라는 것은 아니다. 오히려 그 반대로서, 자기로선 이렇게 하고 싶다 하며 갈망하는 일이 배후령의 의도와 어긋났을 때는 '순순히 배후령의 충고를 쫓아 방향 전환을 하세요'라고 하는 것이다.

앞에서도 말했던 것처럼 심령 능력은 만인에게 갖추어져 있는 자연 능력의 일부이다. 다만 그 출현법이 그 사람에 따라 다르고 성격의 영향도 받게 되리라.

음악만 하여도 피아노를 잘 하는 사람이 있는가 하면 바이올린을 잘 하는 사람도 있고 같은 피아노로 치더라도 그 사람의 개성이라는 것이 나타난다.

그림의 경우도 수채화 전문의 사람도 있고, 유화 전문인 사람도 있으며 모두가 잘 하는 분야가 있다.

나의 생각으로선 이와 같은 예술적 재능은 학문의 영역보다 오히려 심령적 영역에 속하는게 아닌가 싶다. 아니, 영매 능력은 예술적 능력의 일부가 아닌가 생각한다.

일부의 사람은 영매 능력이 발달하고나서 그때까지 갖고 있던 예술적 재능이 감소되고 말았다는 말을 하지만, 내 경험으로 말하면 그것은 극히 한때의 문제에 지나지 않는다.

누구라도 어떤 하나의 새로운 능력의 개발을 시작하면 당분간은 다른 분야가 소홀해지는 것은 당연한 일로서, 한 고비가 지나면 다시 연습 여하에 따라 예전의 재능이 돌아올 것이다.

아니 오히려 영의 세계에 눈뜬 것만큼, 전보다 한층 발전할 것이며 적어도 재능이 저해된다는 일은 있을 수 없다.

때와 경우에 따라서는 배후령의 쪽으로부터 당분간 다른 일을 중지하라고 충고하는 일도 있다. 그러나 그것은 영능 개발에의 집중을 재촉하고자 하는 의도에서 나오는 경고일 뿐, 그만 두라는 의미는 아니다.

대체로 배후령이라 하는 것은 본인의 자유 의사를 존중하고 상식적 판단에 맡기는 경향이 있다. 따라서 충고받고 지금은 과연 중지하는 편이 좋다고 생각되면 중지하는 게 좋고, 그것에 할당되는 시간이 너무 많다고 판단되면 적게 하면 되는 것이고, 쌍방을 양립할 수 있다고 생각되면 그렇게 하도록 하면 된다.

영능 개발을 위해 일체를 희생하는 듯한 극단적 사고 방식은 좋지 않다. 어디까지나 상식적인 이성을 활동시켜 스스로 판단하는 일이 중요하다.

그런데 입신 영매가 되면 영적인 영향을 받기 쉽다는 설이 있는 것 같다. 나에게는 친밀감이라고 생각되지만, 경고를 쓴 팜플렛을 보내 주는 사람이 많다.

그러나 실례이지만 그러한 사람은 영능에 관한 공부가 모자라는 것 같다.

어떤 사람은 입신 영매는 끝에 가서 모두 악령에 사로 잡히고 자살을 하든가 아니면 정신 병원에 보내진다고 쓰고 있지만 터무니 없는 주장이다.

　이 세상은 아무런 조심도 없이 무방비일때 안전한 것이 아무것도 없다.

　영능의 양성에도 조심과 경계심이 필요한 것은 말할 것도 없다. 그렇기에 각 양성소에선 지도자가 초심자에게 그 점에 관한 준비 교육을 단단히 하고 실습에 있어 조금이라도 이상한 징후는 없는가 세심한 주의를 기울이고 있는 것이다.

　사배령이라며 자칭하고 나타나도 그것이 어떠한 영인지를 시간을 갖고 잘 조사한 뒤가 아니면, 몸을 맡겨서는 안 된다. 성명을 밝히게 하여도 의미가 없는 일이다. 정작 중요한 것은 성의가 있는지 없는지, 어떤 목적을 갖고 사배(司配)하려 하고 있는지, 하는 점이다.

　나의 경우도 피터에게 사배를 맡기기 까지에는 그 동기의 순수성과 진지함을 십이분 시간을 들여가며 확인했다. 이것은 영매 지망자가 취해야 하는 기본적 태도인 것이다.

　영능 양성의 실습을 하면, 성격이 선악 양면에 있어 모두 강렬해지는 것은 사실로서 온갖 감정이나 고통 등에 대한 감수성이 강해진다.

　실습자가 먼저 정신 통일에 의해 자기 자신을 알고 극기심을 충분히 배양하고서가 아니면, 실험에 들어가선 안 되는 최대 이유가 여기에 있다.

　무서운 것은 악령에 의한 음모 따위가 아니고 자기의 내부에 있으면서 더욱이 스스로도 깨닫지 못하고 있는 인간적 약점이다. 그것을 컨트롤할 수 있게 되는 것이 정신 통일 수련인 것이다.

　자기의 속에 가공할만한 것이 없다면 달리 두려워 할 것은 아무것도 없다.

　외과의사 및 수술에 입회한 적이 있는 사람의 이야기에 의하면, 훌륭한 인격자로서 알려져 있는 사람이라도 마취를 하면 듣기에 민망할 정도의 음탕한 말을 발하는 일이 있다고 하는데, 생각컨대 이것은 그 사람의 본성이 음탕하기 때문은 아니고 과거에 있어 들은 적이 있는 음탕한 말이 강렬한 인상을 주었기 때문에 잠재 의식으로 늘어붙어 떨어지지를 않고 그것이 마취 때문에 해방되어 표면에 나타나고 사람을 놀라게 하거나 혹은 당혹시키는 셈이다.

　모범적인 진지함 그대로의 외곬수 생활을 하고 있는 사람이 때로는 민망스럽고 충격적인 꿈을 꾸는 일도 있다.
　정신 분석학자는 판에 박은듯이 이를 욕구불만의 탓으로 돌리겠지만, 확실히 그런 면도 있을지 모른다.
　그러나 잠재 의식중에 그런 민망스런 기억을 저축하고 마취중이나 수면중에[수면도 일종의 마취 상태이다]그것을 토해내는 사람도 평소부터 정신 통일을 충분히 행하여 선악, 미추를 뚜렷이 구별하게끔 노력하면 비록 무의식 상태에 빠져도 추태를 드러내는 일은 없을 터이다.
　나는 지금 선악, 미추를 구별하도록 하라고 했지만, 이는 결코 인간의 죄나 인생의 고뇌에 무신경이 되라는 의미는 아니다.
　오히려 그 반대로서 인간은 몸으로써 그것을 수용하고 투쟁하는 것을 하나의 의무로 알아야만 할 것이다. 불건전한 잠재 의식을 만들어 내는 것은 다름아닌, 그러한 의무를 게을리하여 문제 해결의 노력을 강구하지 않은 채 다만 불유쾌한 심정을 품고서 목표도 없이 인생을 보내고 있는 소극적인 태도인 것이다.

자제심을 몸에 지니는 일은 결코 타인의 고뇌에 눈을 감는 것이 아니고 오히려 타인과 자기 자신의 인생 문제에 대한 올바른 판단력을 몸에 지니는 일과도 연결된다.

유감이지만 스피리튜얼리스트나 영매를 포함해서 세상에는 그와 같은 불유쾌한 문제를 경원하려는 사람이 많은데, 그렇다면 향상도 진보도 없다. 왜냐하면 그것은 인생에 없어선 안 될 중요한 것에 일부러 눈을 감는 것이 되기 때문이다.

그런 사람은 자기에게 있어 편리한 것은 받아들이고 곤란한 것은 피하는 셈인데, 그런 자기 본위의 비굴한 인생 태도는 일견하여 평온 무사한 것처럼 보여도 사실은 매우 불행한 씨앗을 내포하고 있다.

즉 고생을 모른다 하는 게 그것이다. 그러한 사람은 드디어 피할 수 없는 사회의 거칠은 파도를 정면으로 대했을 때 그야말로 비참하다.

나는 여기서 감히 단언하지만 실습자가 어디까지나 바른 사상과 진지한 행동의 규범을 잘못 밟지만 않는다면, 입신중에 악령이나 사령에 빙의(憑依 : 들러붙음)되는 일은 절대로 없다.

여기서 '빙의'라고 함은 사악한 영, 바꾸어 말하면 미숙한 저급령에 의해 정신이 지배되는 것을 의미한다.

실습자가 무엇보다도 경계할 일은 이른바 에고이즘, 즉 자기 중심주의이다. 내가 보는 바로서는 이것만큼 심령 능력의 발달을 저해하고 정작 요긴한 곳에서 낙담을 시키며 때로는 위해로

움을 주는 것은 달리 없다고 생각한다.

　심령 때문에 '미쳤다'고 하는 케이스도 그 근원은 대개 이런 에고이즘에 있다고 보아도 좋다.

　나는 꽤나 많은 발광자를 알고 있다. 왜냐하면 웬지 내자신도 모르는 것이지만, 나의 손에 의해 대개의 발광자가 고쳐지고 있기 때문이다. 그래서 나는 발광자를 데려오면 되도록 친밀히 그 사람과 접촉하여 그 인품을 알려고 힘쓰는 것이지만, 일견해서 아주 온화하게 보이는 사람이라도 사실은 그 내부에 형편 없는, 예사롭지 않은 에고이즘을 갖고 있음을 발견한다.

　그 안에 숨어 있던 에고(자아)가 병이나 충격 그밖의 원인으로 돌연 표면에 나타나 자기는 엘리자베드 여왕이니 클레오파트라니 하는 망상의 형태를 취하는 것이다.

　비록 충격과 같은 유발(誘發) 인자가 없어 발광이라는 최악의 사태가 되지 않은 경우라도 상식으로선 생각할 수 없는 듯한 성벽(性癖)이 나타나 제대로 사귀지 못할 인간이 되어버리든가 한다.

　그와 같은 까닭으로 이른바 에고이즘 혹은 혼자 잘 났다는 극단적 생각은 비록 그 편린이라 할지라도 만전의 경계를 해주기 바란다.

　의외로 어떤 일에 극단으로 치닫는 에고이스트는 반면 지나치게 소극적이고 소심한 일면도 있기 마련으로서, 결국 그 적극성과 소극성인 양극의 밸런스가 잡히지 않는다는 데서 이른바 '분위기'에 흐르기 쉬운 인간을 만드는 요인이 있는 셈이다.

　여기서 다시 경험이 풍부한 좋은 지도자의 존재가 클로즈

업된다. 좋지않은 경향이 나타나기 시작했다면 바로 이것을 잘라버리고 아무래도 그런 경향이 고쳐지지 않아 영매로써 부적당하다고 보았을 때는 빠른 시기에 단념시킨다는 조치를 취하는게 바람직하다.

 그와 같은 바람직하지 않은 성벽은 왕왕 본인 자신은 깨닫지 못하고 주위 사람이 깨달아도 경고하기가 어려운 경우가 많다.

 하기야 다른 면에서 이해심도 깊고 풍부한 능력을 갖고 있는 경우는 이윽고 스스로 자각하여 고쳐나가는 법이다. 의외로 그와 같은 위험성을 내포하면서 고집스런 인간인 편이 좋은 지도자의 감독아래 바른 수련을 쌓으면, 훌륭한 영매가 되는 가능성을 갖고 있는 것이다.

 나무도 좋은 기술자의 전정(剪定)없이는 모습이 똑바로 되지 않는다. 실습을 거듭할 적마다 배후령도 원조의 힘을 아끼지 않으리라.

제9장 영시능력

'육안으로 보이지 않는 것을 보는 능력인데, 밀봉한 자루나 그릇 속의 것을 투시하는 능력과 지상에 없는 영적인 것을 보는 능력의 두 종류가 있다. 후자엔 영에 의한 작용이 있고 '본다'하기보다도 '보여지고' 있는 경우가 많다.'

영매가 배후령의 협력아래 행하는 현상을 '영매 현상'이라 하지만, 영시도 영청도 역시 영매 현상의 일종이다. 일반적으로 영시나 영청은 그것의 독자적인 작용으로 배후령의 원조가 없는 것이라고 생각되기 쉽지만, 배후령의 원조가 없는 영능은 없다는 게 나의 지론이다.

예를 들어 입신 영매는 배후령에 고스란히 몸을 내맡기는 것이므로 이는 의심할 데 없는 영매 현상이지만, 영시나 영청도 앉아 있으면서 보든가 듣든가 하므로 자기 혼자서 저절로 하고 있다고 생각되기 쉽다. 그러나 실제로는 이것도 배후령의 기획, 연출에 의해 행해지고 있는 것이다.

이제까지 내가 만난 뛰어난 영시 능력자의 태반이 이것을 증언해 준다. 하기야 개중에는 훌륭한 영시 능력을 가졌으면서 왜 보이는지, 어떻게 하면 자유로이 컨트롤할 수 있게 되는지 하는 점에 관해 도무지 무식한 사람도 있다.

물론 교령회 등에 나간 일도 없고 다만 보통의 사람에게 보이지 않는 것이 자기에게 보인다 하는 정도로 밖에 생각지 않는 것이다.

이런 사람을 천성의 투시 능력자니 천리안이니 하는 모양인데, 나로서 말한다면 그런 사람인 경우는 다만 영시 능력이 통상 능력에 가까운 곳에 있었다는 것뿐이다.

그렇지 않은 사람, 즉 통상 능력이 안쪽에 있는 사람은 고생하여 연습하지 않으면 안 되기 때문에 자못 후천적으로 개발했다는 인상을 받는 것이지만, 실제는 양자 모두 선천적으로 갖고 있었던 것이다.

그 증거로 교령회도 모르고 심령서를 읽은 적도 없는 사람이 심령적인 현상을 체험했다는 이야기를 자주 듣는다.

영시 능력의 양성에는 갖가지의 응시물이 사용된다. 투명한 물이나 수정구, 잘 닦은 금속구 등이다.

금속구의 경우는 광선이 부딪쳐 반사하는 위치에 놓는다. 실내의 다른 부분은 눈을 자극하지 않도록 밝기를 조절하고 금속구만이 광선으로 떠오르게 한다.

금속구와의 간격은 5~6피이트. 높이는 눈 높이로 한다.

8장에서 심호흡의 방법을 설명했지만 영시 능력에 있어서도 먼저 심호흡에 의해 마음을 안정시키고나서 편한 심정으로 응시에 들어간다. 이것이 중요한 점이다.

대개의 해설서에는 '정신을 집중'하라고 실냉하지만 나는 체험상 '명상'쪽이 낫다고 생각된다. 왜냐하면 집중하고자 하면 그 집중하려 하는 의식이 긴장을 이끌고 말기 때문이다. 대부분의 심령 현상, 특히 정신적 심령 현상에는 '집중'이 불가결의 조건이긴 하지만 영시와 영청에 관한 한 적극적으로 집중하려는 의식은 금물로서 되도록 수동적 자세로 허심(虛心)이 되는 게 좋다.

긴장하면 주위의 소리나 속된 사상, 감정에 예민해지지만 영적인 것에는 마이너스가 되는 것 같다.

  긴장에 따르는 또하나의 결점은 공포심이 들어오기 쉬워진다는 것이다.

  예를 들어 한밤중에 단 혼자서 자고 있을 때에 수상한 소리를 들으면 누구나 긴장하여 그 소리가 난 쪽에 의식을 집중한다. 집중하면 할수록 긴장된다.

  이렇게 되면 창문이 바람으로 덜거덕거리는 소리에도 섬칫해진다.

  그런 까닭으로 영시 능력의 양성에는 조용히 명상하는 기분으로 물체를 응시하는 게 좋다.

  그것은 말하자면 일종의 자기 최면으로서 마음이나 주의를 유형(有形)의 물체로부터 떼어내어 육안이 아닌 심안으로써 응시하는 기분이 되는 것이다.

  눈은 뜨고 있어도 감고 있어도 좋다. 다만 뜨고 있다 해서 그 눈에 비치는 것이 반드시 객관적 존재라고는 할 수 없다.

  자기로선 보여도 다른 사람에겐 보이지 않는다는 일이 있다. 나의 체험으로서도 대여섯 명이 앉아 있는 소파에 한 영의 모습이 역력히 보였다.

  나로선 극히 보통의 육안으로서 보고 있는 느낌이고 옆에 있는 사람에게도 보이고 있는 줄로만 생각했는데, 그것을 전연 느끼고 있지 못한 것이다.

  이것은 쌍안경으로 보는 것과 같은 원리로서 육안을 통해 영안(靈眼)이 활동하는 것이리라.

  영시가 나타나기 시작하면 무의미한, 우스꽝스런 것이 보이는 일이 있다.

  이것은 사배령이 궁리하여 본인의 상상물, 곧 암시의 소산이 아님을 증명하기 위해 일부러 보이는 것이다.

　내게 처음으로 보여진 것은 빨간 유단으로 된 커다란 보온 커버 속에 앵무새가 한마리 앉아 있는 광경으로서, 그 내부의 일부가 칸막이 되어 있고 그곳에 두개의 황금 막대가 십자로 놓여져 있었다.

　며칠간 보이는 것이 이런 광경 뿐이어서 웬만큼 나도 기분은 잡쳤던 것인데 나중에 피터가 설명해 준 바에 의하면 이것은 극히 초보적 연습으로서 나로서 도무지 상상할 수 없는 재료만을 사용해 보았다고 한다. 그러고 보니 나로선 앵무새를 기른 적이 없고 특별히 좋은 새도 아닌데, 그것이 포트의 보온 커버 속에 있는 광경은 도무지 나로서 상상할 수 있는 그림은 아니다.

　게다가 고르고 골라 빨간 유단을 사용하였다.

　나는 빨간 유단을 싫어하는 것이다.

　그러한 까닭이므로 실습의 초기에 있어 보는 의미를 알 수 없는 이미지(영상)는 피아노의 연습으로 말하면 다섯 손가락의 사용법, 습자로 말하면 '永'자의 쓰기법 등 요컨대 기본 연습을 위한 것이라고 생각하면 된다.

　그리하여 만일 그러한 것만 언제까지나 계속된다면 이제 알았으니 좀더 의미있는 것을 보여달라고 요구하는 것도 결코 나쁜 일은 아니다.

　계속해서 보여지는 것은 아마도 심벌(상징)이리라. 이것은 되도록 빨리 그 의미를 해석하도록 노력하는 일이 중요하다. 그 정답은 아마도 인스피레이션 식으로 번뜩일 것이다. 그런 때 혼자서 하고 있는 사람은 연필[반드시 나무로 된 것]과 종이를 곁에 준비해 두고 그 심벌이나 해석을 재빨리 기록하는 게 좋다.

그렇다고 너무 그 쪽에 정신을 빼앗기는 것은 좋지 않다. 먼저 심벌을 잘 보고서 확인하는 일이 선결이고 그 준비가 충분히 되고나서 적는 일을 시작한다. 심령에 이해심이 있는 사람이 대신하여 기록하는 것도 한 방법이다.

이상은 단독으로 연습하는 사람일 경우에 관해 설명한 것이지만, 대개의 사람은 경험 풍부한 지도자에 의한 그룹 실습인 편을 좋아한다.

나도 어느 쪽이 좋으냐고 질문하면 그룹 쪽을 권하겠지만 이것도 결국은 개인차의 문제로서 혼자 하더라도 훌륭히 영능을 개발하고 게다가 건강까지 증진했다는 사람도 있다.

다만 그런 사람에게 공통된 특징은 건전한 취미를 가진 인격, 원만한 타입이라는 것이다.

그러나 이것과 전혀 대조적인 예도 있다. 즉 병상에 누워 꼼짝도 못하는 환자 등의 경우이다.

이런 사람에게 있어서는 영시나 영청을 듣게 되는 일은 더할 데 없는 기쁨의 원천이 된다. 그것도 그럴 것이다.

지루함과 무기력을 한탄하고 있는 병상에서 누워있는 채로 영계의 거주자 모습을 보고 그 목소리에 접할 수가 있다면 얼마나 위로가 되겠는가!

나는 다년간 병상에 있는 분이 이렇듯 스피리튜얼리즘과 접하고 영능을 개발하여 정신적으로 구원된 예를 수없이 알고 있다.

그것은 어쨌든 혼자서 하든지 그룹으로서 하든지 영시력이 나타나 영의 얼굴이 뚜렷이 보이기 시작했다면 그 얼굴의 특징을 즉각으로 묘사하는 연습을 시작해야 한다.

즉, 영안에 비친 인상이 뇌를 자극하고 그것을 말로서 묘사하는 셈이지만 그것은 쉬운 일이 아니다.

영매에 따라선 그 묘사가 모호하여 아버지 같기도 하고 조부 같기도 하며 숙부인가 싶으면 형으로도 사촌과도 닮았고 나아가선 친구로도 보여 온다 하는 극히 애매한 표현을 하는 사람이 있다.

이렇다면 사후의 존속을 증명하는 절호의 찬스를 잃는 것이 된다. 본 순간에 빨리 그 특징을 파악하여 뇌에서 기억하고 그것을 그릇되지 않게 서술하는 요령. 이것은 영시 능력자로서 불가결의 재능이다.

그것에는 평소부터의 연습이 중요하다. 버스, 전자, 지하철, 기타 무엇을 타거나 앞좌석에 있는 사람을 첫눈으로 보고 눈을 감든가 아래를 보든가 하여 그 특징을 머리 속에서 묘사해 본다. 그리고 다시 한번 그 사람을 보고서 정확한지를 확인한다.

이러한 간단한 연습이 관찰력을 늘리는데 있어 매우 효과가 있고, 이는 심령의 일 중에서 절대 중요할 뿐아니라 보통 일반의 문제를 다루는데 있어서도 유익한 일이다.

이러한 연습을 충분히 쌓고서 그 요령을 몸에 익혔다면, 드디어 본격적으로 영계의 거주자로 부터의 통신을 받는 일에 들어가게 해달라고 배후령에게 부탁한다.

왜 일일이 배후령에게 부탁하지 않으면 안 되는가 의문을 갖는 분이 있을지도 모른다. 부탁하지 않더라도 배후령이 그 정도의 배려를 해주어도 좋잖은가, 하고 생각되리라.

확실히 그렇기는 하지만, 영혼도 결코 전지 전능은 아니다.

당신의 능력이 어느 정도 신장(伸張)되었는지, 이제 다음의 단계로 나아갈 정도까지 와있는가 어떤가에 관해 배후령이 꼭 정확히 파악하고 있는 것은 아니다.

그 결과 언제까지라도 무익한 연습을 되풀이 하는 일도 있고 나아가는 일이 너무 빨라 역효과가 되는 경우도 있다. 그러므로 자기가 이미 이것으로서 충분하다고 생각되면 일단 배후령에게 다음의 단계로 나아가는 것을 요구해 보는 게 무난한 셈이다.

최초에 받는 통신은 상징적인 것, 혹은 회화적(繪畫的)인 것이 많다. 영청 능력이 있다면 별개이지만 영시만의 경우는 이것이 가장 확실하기 때문이다.

영시를 연습하는 중에 자연히 영청이 나타나는 일도 있지만 그런 케이스는 그리 많지가 않다.

심벌이나 그림에 의한 통신은 확실히 효과적 방법임에는 틀림없지만, 그 해석을 잘못한다면 아무것도 아니다.

영매 중에는 그 해석 방법에 관해 공부하려 하지 않고 또 다음 단계인 영청력의 개발까지 나아가지 않고 언제까지나 심벌의 주고 받음으로 시종하고 있는 사람도 있는데, 이것은 매우 위험하다.

예를 들어 설명하자.

전쟁으로 아들을 잃은 어머니가 피터를 통해 그 아들과 통신을 교환하고 있었다.

그 어머니는 실은 이 곳에 오기 전에 다른 영능자에게 들러 무언지 심벌에 의한 통신을 받고 있었는데 영매 자신도·어머니도 그 의미를 도무지 알 수 없었다.

그래서 어머니는 피터를 통해 대체 왜 심벌만 보내고 제대로

통신을 할 수 없는가 물었다. 그랬더니 아들은 마찬가지로 피터를 통해,

"그것은요, 어머니. 영매가 내 얼굴을 보아 주었으므로 어머니에게 말씀을 전하려고 했던 거야. 그런데 그때 영매의 사배령이 '이사람은 그것을 할 수 없으니 무언가 심벌같은 것으로 말하고자 하는 것을 표현해 보라. 내가 전해 주겠으니!' 했던 거야.

나는 비행기에 타고 있다가 죽었으므로 비행기가 추락하는 것을 그리는 것은 아무것도 아니었지만, 그것 이상의 일은 나로서는 할 수 없었지. 그래서 사배령에게 맡겼던 거야. 그리고 나서는 사배령과 영매와의 사이에서 심벌이나 그림에 의한 통신이 있었던 모양인데 무지개니 십자가니 별이니 목에 방울을 단 양떼 등, 온갖 동물이 방주(方舟)에 타고 있는 장면 등 어쨌든 엉망이야. 나는 옆에서 보고 있다가 싫어져 그만두었어."

이 정도의 영매가 현실로는 매우 많은 것이다. 즉 심벌의 바른 해석 방식을 공부하지 않고 영시 능력을 개발하려 하지 않고서 언제나 심벌의 단계에 머물러 있기 때문에, 당연히 사배령 쪽도 심벌에 의지하지 않을 수 없어 혼란이 혼란을 낳는 결과가 되는 것이다. 부디 실습생은 위와 같은 영매의 전철을 결코 밟지 않도록 해주기 바란다.

목에 방울을 단 양이 보일 정도가 되었다면 이미 영시력은 충분하다.

계속해서 마찬가지의 그림이라도 좀더 구체적이고 해석하기 쉬운 것을 궁리하지 않으면 안 된다.

이상은 금속구를 사용하고서의 영시법에 관련하여 설명한 것이지만, 또하나의 영시법으로써 수정구나 물을 사용하는 것도 있다.

이 경우는 수정 또는 물을 넣는 그릇을 검은 빌로드 위에 놓는다. 수정일 경우는 아래 깔고 있는 빌로드를 조금 돋아오르게 하여 수정을 싸는 듯한 모습으로 한다.

다만 빌로드가 수정에 닿지 않도록 한다. 응시의 방법은 금속구의 경우와 마찬가지로서 명상하는 느낌으로 조용히 응시하는게 좋다.

응시하고 있는 사이 수정구 내지 수면에 인물이라든가 경치, 그림 무늬 등이 비치게 되지만, 이것은 정말로 즉 객관적으로 비치고 있는 것은 아니다.

객관적인 경우도 전혀 없는 것은 아니지만 대부분은 금속구의 경우와 마찬가지로 영시력에 의해 주관적으로 보고 있는 것이다.

나의 경우는 이런 유의 경험이 수가 적지만 아무리 보아도 객관적은 아니었다. 결국 수정구나 수면을 응시하는 일에 의해 영시력'이 활동하기 쉬운 정신 상태로 이끌린다 하는 게 진상인 것 같다.

참고로 나에게 있어 가장 영시가 나타나기 쉬운 방법은 별로 높지않은 베개를 베고 침대에 누워, 방을 어둡게 하고서 눈을 감고 수동적인 심정이 되는 일이었다.

나의 경우는 영언이 전문이고 다른 일에 에네르기를 사용하고 싶지 않으므로 이러한 일은 별로 하지 않지만, 매일 약간씩이나마 무엇인가가 보인다.

희한한 영시가 있을 때는 으례 별안간 보일 때 즉 의식적으로 영시하려고 하지 않을 때이다.

  그러나 본장은 의식적으로 영시 능력을 양성하여 남을 위해 도움되게 하려는 분을 대상으로 하고 있다.

  음악의 연습으로 말하면, 예를 들어 바이올린을 배우기로 정하고 이것에 온 힘을 기울이면 당연히 피아노를 치고 싶어도 충분한 연습을 할 수 없다.

  시간이라는 요소에 의해 크게 제약된다고 하는 일은 이세상의 숙명이니만큼 도리가 없다.

  또한 음악가의 경우라도 컨디션이 나빠 연주하고 싶지 않은 때가 있다.

  그러나 컨디션이 나쁘다고 하여 연주회에 나가지 않을 수는 없는 것이고, 나가서 최선을 다 하면 뜻밖에 박수 갈채를 받는 일이 있다.

  실험회의 경우도 마찬가지로서 몸 상태가 시원찮을 때에는 참석 않는 것이 편하지만, 그렇다면 출석자에게 미안하므로 부득이 참석한다. 해보니 회장의 밝은 분위기에 영향받아 컨디션이 좋아지고 뜻하잖은 성과를 거두는 일도 있다.

  그와 같은 체험담을 나는 친한 영시가로부터 몇가지 듣고 있다. 참석자의 앞에 섰을 때는 기분도 나쁘고 능력에 자신이 없어 과연 무사히 끝낼 수 있을까 불안했던 것이, 드디어 시작하고 보니 뜻밖에도 순조롭게 진행되고 끝났을 때에는 일찌기 없던 좋은 성적을 거두었다는 것이다.

  심신이 모두 쾌조인 때 영적인 충동을 느끼고 행동할 수가 있다면 즐겁기도 하고 편하므로 그 이상 더 좋은 일은 없겠지만, 그런 태평스런 마음가짐으로선 이 짧은 인생에 너무나 할 일이 많은 것이다. 노력없이 충분히 향상을 바랄 수 없는 것이다.

선반에서 떡이 떨어져 입에 들어가는 식으로 기다리고 있다간 진보가 없다. 자기 자신이 적극적으로 구해야 한다.

재미있는 예로서 석탄의 탄재를 보면 영시가 나타난다는 사람이 있다. 우스꽝스럽다고 일소에 붙여질 것만 같은 이야기지만, 현실로는 사람에 따라 갖가지의 영시법이 있으므로 이것도 그 하나이다.

언젠가 나와 함께 있었던 부인이 석탄재를 응시하면서 어떤 사실을 이야기했다. 그때 나도 눈에 힘을 주어가며 같은 석탄재를 응시했지만 아무것도 보이지 않았다.

그 이야기를 자세히 설명해 보자.

유럽 대전이 발발하고 얼마 안된 무렵의 일인데, 나는 어떤 부인의 일이 걱정되었다.

그 사람은 적인 프러시아의 한 장교와 사랑에 빠져 있었던 것인데, 그 부인이 어느날 오후 불쑥 찾아왔다. 부인은 예의 연애 문제로 신경과민이 되어 있었으므로 나는 굳이 그 이야기는 건드리지 않고 있었다.

그녀는 이윽고 돌아갔지만, 그뒤 그녀와 엇바뀌듯이 그녀와는 아무런 면식도 없는 다른 부인이 찾아왔다. 그리하여 난로가에서 의복의 얘기 등을 하고 있는 사이에 돌연 그 부인이 이렇게 외쳤다.

"누군지 프러시아의 장교와 연애 관계가 있는 분이 이 방에 와 있었군요. 그 프러시아인의 모습이 뚜렷하게 불속에 비치고 있어요."

그녀는 그 장교의 얼굴과 모습, 군복 등을 정확히 지적했다

[내자신은 한번도 그 장교를 만난 일은 없었지만, 얘기는 좀전의 그 부인으로부터 들었다]. 그리하여 그사람과 애인의 이름 머리글자를 알아맞추고 이 여성의 일로서 말썽이 일어날 것 같다고 말했다.

그래서 내가 서로의 나라끼리 전쟁중이니까 트러블이 생기는 것은 당연하다고 말하자,

"아뇨, 전쟁과는 관계 없습니다. 좀더 다른 원인입니다."
고 말하고서 한 두가지 일어날 것 같은 문제와 징후를 지적했는데 과연 그대로의 일이 일어났다. 자세한 점까지 모조리 적중하고 있었던 것이다.

그때 나는 옆에서 같은 석탄재를 눈에 힘을 주어가며 응시했던 것인데 아무리 보아도 나에게 보이는 것은 빨갛게 타는 석탄뿐이었다. '봐요, 보세요. 저기!' 그사람은 연신 손가락질하는 것이었으나 나에겐 역시 보이지 않았다.

또하나 색다른 영시법을 소개하자. 이것은 이 사람의 말은 반드시 들어맞는다는 평판의 노부인 영시가인데 2~3피이트 떨어진 벽의 한곳을 눈을 크게 뜨고서 지그시 응시할 뿐으로, 이상할만큼 정확히 인물이나 토지를 묘사하는 것이었다.

너무나도 적중률이 높아 나도 어딘가에 비밀이 있는가 물어보았더니, 벽에 걸려 있는 세명의 어린이 사진[극히 보통의 사진]을 본다고 한다.

즉 세 명의 어린이 얼굴을 응시하고 있으면 그 얼굴이 차츰 보고 싶다고 생각하는 인물의 얼굴로 바뀌어 가고, 또한 그 얼굴의 표정에서 지금 어떠한 상태에 있는지 안다고 하는 것이었다.

표정은 천태만상이므로 어떠한 일도 안다고 하며 실제로

그 자리에서 실연해 보여 주었다.

  그 무렵 나는 전쟁에 간 동생으로부터 오랫동안 소식이 없었으므로 그 안부가 염려되었다. 내가 그 점을 부탁했더니 노부인은 연신 벽의 사진을 보고서는 이것저것 확인하고 '염려없어요, 셋 다 힘차게 끄덕이고 있으므로 원기있게 잘 있지요'라고 한다.

  그 사이 나도 열심히 같은 사진을 응시했던 것인데 나에게는 끝내 아무런 변화도 발견되지 않았다.

  결국 이 영시가에 있어서는 사진이 금속구나 수정과 마찬가지로 일종의 초점이 되어 있었던 것이다.

  그리고 색다른 예로서는 창문의 블라인드(차양)를 응시하면 영시가 나타나는 사람이 있다. 그 계기가 재미있다.

  어느 날 블라인드를 내리고 거실에서 책을 읽고 있자 별안간 그늘이 드리워지며 방이 어두워졌고 글씨를 읽기가 힘들었다. 블라인드를 올려야 한다. 귀찮다고 생각하면서 블라인드 쪽을 지그시 보고 있으려니까 놀랍게도 마치 '그림자 모습'의 연극이라도 보듯이 그 표면에 인간의 얼굴이 차례로 비쳐졌다. 첫눈에 누구라고 알 만큼 선명했다고 한다.

  그런 일이 있고서부터는 또 보고 싶다고 생각하며 블라인드를 내린 뒤 지그시 응시하면, 이상하게도 보이기 시작한다. 그 인물은 자기에 대해 생각해 주는 사람이거나 이제부터 자기를 방문하려 하는 사람으로서, 대체로 예언적 성격을 띤 것이 많았다. 그 정확성은 놀랄만큼이었다고 한다.

  석탄의 불타는 재인 경우와 어린이 사진의 경우는 아무리 노력해도 나에게 보이지 않았지만, 이 블라인드의 경우는 스스로 해보고 성공했다.

　그 모습과 모양은 참으로 멋지고 누구라도 확인할 수 있는 정도의 것이었다.

　처음엔 펜으로 그린 초상화 같았지만 내가 그것을 확인하자 한층 선명해져 이윽고 블라인드의 표면이 돋아오르며 컬러 텔레비젼을 보듯이 색채까지 덧붙여졌다.

　이런 체험으로 판단하여 영시의 초점으로서는 수정구보다도 오히려 블라인드로 해보면 재미있다고 생각된다.

　내가 사용한 것은 파란 린네르제의 것이었다.

　마지막으로 한마디 하겠지만, 이런 것은 아무렇게나 마구, 다시 말해서 어디이든 언제라도 무엇이든 보이기만 하면 좋다는 것은 아니다.

　영능은 신으로부터 주어진 훌륭한 재능이다. 하지만 이것도 이성과 의지의 통솔아래 놓여져야 비로소 그 참뜻이 발휘하게 된다.

　마음의 수양을 게을리 하면 그 재능을 뜻있게 쓰기는 커녕 반대로 그 재능에 휘말리고 엉뚱한 불행의 원인이 될 염려가 있다.

　영능이라는 것은 '양날의 칼'로서 사용하는 사람의 마음 여하에 따라 선으로도 악으로도 될 수 있는 성격의 것이다.

　그러한 마음가짐을 전제로 하여 초심자는 이제까지 소개한 몇가지 방법을 하나 하나 시험해 보고, 자기에게 가장 적합한 것을 먼저 정해야 한다.

　아무것도 사용하지 않아도 보이는 사람은 그걸로서 좋다. 응시물은 어디까지나 영시를 유발하기 위한 보조적 수단이므로 초보적 단계를 넘으면 차츰 필요하지 않게 된다.

제10장 영청능력

> '육체에 갖추어져 있는 청각이 활동하여 영의 목소리를 듣는 능력으로서 그 들리는 방법은 능력자에 의해 여러가지이다. 보통으로는 인간의 목소리를 듣는 것 같다는 사람도 있고, 귓속에서 속삭이는 것 같다는 사람도 있다'

영청 현상은 흔히 '직접 담화'와 혼동되지만, 양자는 원리가 전혀 다르다.

직접 담화에 있어선 영이 영매의 입을 사용해서 말하므로 누구의 귀이든 들리지만 영청은 영시와 마찬가지로 본인만의 주관적 현상이다.

그러나 그 주관적인 들리는 방법에도 종류가 있다. 어떤 사람은 마치 귀로서 듣는 것처럼 들린다 하고 어떤 사람은 마음 속으로 듣는 듯한 느낌이 든다고 한다. 때에 따라 이 두가지 방법이 함께 나타나는 일도 있다. 내가 그런 예이다.

확실성인 점에서는 귀로 듣는 것처럼 들리는 게 제일이고 살아있는 인간의 목소리를 듣는 것과 조금도 다름없다. 또한 목소리의 임자가 누구라는 것도 생전에 들은 적이 있다면 대체로 직감이 간다.

하지만 세번째인 마음 속에서 들리는 경우는 초보적인 단계에선 주의가 필요하다. 왜냐하면 그것이 참으로 영의 목소리인지 아니면 자기의 환각에 지나지 않는지 그 구별을 하기 힘들기 때문이다.

누구나 경험이 있는 일이지만, 남으로부터 들은 말이 매우 인상이 깊은 경우, 나중에 그것이 흡사 실제로 들은 것처럼 생각날 때가 있다.

한 순간 현실과 같은 착각에 빠지는 것이다. 그러나 환각이나 착각이 생기는데는 반드시 하나의 조건이 있다.

그것에 관련된 일을 이것저것 생각하고 있을 때만 국한된다는 것이다.

영청에는 그것이 없다. 즉 아무것도 의식하고 있지 않을 때에 돌연 들리는 것이다. 이것이 중요한 점이므로 자세히 해설하겠다.

영청의 첫째가는 특징은 그 음성이 보통의 목소리보다도 가늘고 작으며 그러면서[환각의 경우와는 달리] 기묘하게 뚜렷하다는 점이다.

앞에서 설명했던 것처럼 환각의 경우는 마음에 있는 것을 골똘히 생각할 때 일어나는 것이지만, 초보 단계에선 그것의 구별이 어렵다.

아직 영청에 자신이 없는 동안은 평소 품고 있는 근심이나 걱정에 관해 배후령과 의논하는 일은 피하는 편이 좋다.

잠재의식이 제멋대로 말하고 그것을 영청이라고 착각하기 쉽기 때문이다.

그런 때 흔히 사악한 영에 홀렸다는 견해를 갖는 사람이 있지만, 나의 다년간의 체험과 연구로서 판단하여 그러한 케이스는 아주 없다고는 할 수 없지만 일부의 사람이 말하는 것처럼 많지는 않고 오히려 본인의 잠재 의식 소행일 경우가 대부분인 것 같다.

영능자라는 것은 자칫 자기의 능력을 과신하고 자기의 판단이 잘못되었을 경우라도 좀처럼 순순히 인정하려 하지 않고 사령의 짓으로 돌리고 싶어한다.

　이렇게 말하는 나에게도 치부를 드러내는 것 같지만 이런 체험이 있다.

　1917년인지 그 이듬해인지의 일이었다. 나의 여동생이 영국 적십자사에 근무하게 되어 미국으로부터 귀국하게 되었다.

　그러나 당시는 제1차 세계대전 말기로서 독일 잠수함 활약이 가장 왕성한 시기였으므로 나는 걱정스럽기만 했다.

　뉴욕으로부터 승선했다는 통지를 들었을 적부터 불안이 높아지고 있었다.

　그런 어느날 밤의 일이다. 내가 편지를 쓰고 있으려니까 별안간 불안감에 사로잡히고 동시에 '글레이스'라는 목소리가 똑똑히 들렸다.

　글레이스는 동생의 이름이다. 이어서 '위험, 위험—큰일이다'고 들렸다.

　그때의 내 느낌은 광막한 큰 바다에 있는 것만 같고 보이는 것은 사방에 푸른 물뿐인데 웬지 주위에서 엄청난 혼란이 일어나고 있는 느낌이 들었다.

　나의 통상 의식이 맹렬히 활동을 시작했다. 만일에 당시의 나에게 이렇듯 쓸 만큼의 지식이 있었다면 나는 되도록 수동적 상태를 유지하고 '글레이스—위험'이라는 최초의 몇마디를 들었을 때의 정신 상태를 유지하고자 필사적으로 노력했으리라. 그러나 당시의 나로선 그것을 할 수 없었다.

　나는 의자에서 일어나 배후령에게 외쳤다.

　"무엇입니까? 글레이스에게 무슨 일이 일어났죠? 들려 주세요. 제발!"

　그렇게 외침과 동시에 나의 머리 속은 비극의 참상으로 가득

해졌다. 이윽고 돌연 '익사'라는 말이 들렸다.

　나는 틀림없이 동생은 익사했다고 생각했다. 누가 뭐라든 그것이 틀림없다고 믿었다. 그런데 이튿날 익사했을 터인 본인으로부터 리버풀 발로서 '○시○분 발의 기차로 도착함—글레이스'라는 전보가 배달되었다. 이것에는 기쁨과 동시에 큰 놀라움을 느꼈다.

　대체 어떻게 된 것일까? 그렇게도 똑똑히 들렸는데…….

　동생이 도착하여 바로 이야기해 준 말에 의하면 사실은 이러했었다. 내가 불안감에 사로잡혔을 무렵, 동생은 배안에서 알게 된 한사람의 젊은 미국 청년과 나란히 갑판에 나가 있었던 모양이다. 왜냐하면 잠수함 모습을 캐치했다 함으로 전원 구명정의 옆에 서도록 지시가 내려졌고 동시에 그 잠수함이 발사한 어뢰가 배밑에 명중하여 배가 조금 들어올려졌다는 추측이 나돌아 선내는 대혼란에 빠졌다. 그리고 선원이 보트를 내리기 시작했으므로 틀림없이 배가 침몰한다 믿고서 소동은 더욱 커졌다.

　하지만 함께 있었던 미국 청년은 전에도 잠수함에 습격된 경험이 있어, 보트는 곧 내릴 수 있는 것은 아니므로 보트를 믿어선 안 된다고 주의해 주었다.

　그리하여 배가 받은 충격의 강도로부터 판단하여 그는 확실히 어뢰가 명중되고 있다 확신했고 침몰도 멀지 않았다고 판단했다.

　다행히 동생은 수영을 잘 했다. 더욱이 두 사람은 미리부터 만일의 경우를 예상하여 바다속에 뛰어들 때는 되도록 배로부터 떨어져 구조를 기다리자고 의논하고 있었다.

　잠수함 발견의 알림과 동시에 두사람이 재빨리 갑판에 나와 있었던 것은 그때문이었다.

　미국 청년은 '먼저 가겠어'라고 하기가 무섭게 망설이는 일없이 바다로 뛰어들었다. 그리고 계속해서 동생이 뛰어드는 것을 지켜보고 있었다.

　그런데 동생이 막상 뛰어들려고 했을 때 선장이 돌연 '전속전진'의 지시를 내렸다. 그것은 나중에 안 일이지만 배가 어뢰로 떠올랐다는 것은 잘못으로서 실은 잠수함이 배의 바로 밑을 통과했기 때문이라고 판명되었던 것이다.

　동생은 바야흐로 뛰어들려는 참이었는데 급한 사태의 변화로 주저하고 말았다. 배는 맹렬한 기세로 나아가기 시작했다. 동생이 선객의 한사람이 바다속에 있음을 큰 목소리로 알렸지만, 그런 것에 지체하고 있을 수는 없었다.

　잠수함의 추적을 벗어나고자 한 미국 청년을 희생으로 하고 배는 맹렬히 돌진해 나갔다. 다른 많은 승객을 구하기 위해서는 확실히 그럴 수 밖에 도리가 없었는지 모른다.

　그러나 결과로써 확실히 잠수함으로부터 도망치는 데는 성공했지만 동생의 머리에서 그 가엾은 미국 청년의 일이 늘어붙어 사라지는 일이 없었다.

　동생은 그 강렬한 현실이 언제까지라도 믿어지지 않는 것처럼 '익사, 익사'하며 슬픔에 잠겨 있었다고 한다.

　이걸로서 알 수 있듯이 나는 확실히 '글레이스—위험'운운의 알림을 영적으로 듣고 있었던 셈이다.

　또한 누군지 익사한 일도 사실이었던 것이다. 그러나 내가 마음의 평정(平静)을 잃었기 때문에 그 현실에 내자신의 평소 걱정이 이어지고 동생이 익사했다고 착각한 셈이었다.

　그러니까 최초의 반은 영시와 영청이 자연스레 활동되었으므로 조금도 어긋나지 않았다. 하지만 그뒤 통상의식으로서 다음의 정보를 강요한 것이 좋지 않았다. 그 결과가 지금 소개한 대로의 혼란된 영청이 되어 나타났던 것이다.

"그럼 곤란할 때에 영청에 의한 원조나 충고를 기대해선 안 되는가?"

이렇게 말할 분이 있을지도 모른다. 그것은 별로 상관이 없는 것이다. 배후령 쪽에서도 필요하다고 보았을 때는 기꺼이 원조할 용의가 있는 것이지만 영청 능력이 충분히 개발되어 있지 않은 단계에 있어서는 위의 나의 예로서 알 수 있듯이 자칫하면 통상의식이나 잠재의식에 의해 왜곡될 염려가 있으므로, 되도록이면 경험 풍부한 영능자에게 맡기는 편이 무난하다고 하는 것이다.

현재의 나는 사람들로부터 상담을 받아 정신적 고뇌로부터 금전적인 문제까지 온갖 일을 배후령에게 부탁하는 일이 있지만, 그때 나는 결코 해결을 강요하지는 않는다.

다만 문제의 대강을 말하고 사정을 설명하여, 허용되는 범위 내에서 해결을 위한 원조를 해주기를 바란다고 부탁할 뿐이다.

유감이지만 심령가 중에는 열성이 지나친 나머지 모든 걸 배후령에 부탁하는 것은 좋지만 인간으로서의 노력을 잊고 있는 사람이 있는데, 이것이 문제이다.

어느날 나는 열렬한 심령가인 친구의 집에서 점심 식사를 대접받고 있었다. 이 부인은 평소 극히 현명하고 야무진 사람이지만 문제가 심령이라면 맹목적인 게 결점이었다.

그날도 식사가 끝날 무렵이 되어 갑자기 주방의 문이 세차게 열리면서 귀신과 같은 모습을 한 노파가 아장아장 걸어 들어왔다.

눈을 꼭 감고 한손에 물에 푹 젖은 걸레를 갖고 있어 그 기름진 물방울이 고급 양탄자에 뚝뚝 떨어졌다. 또 한쪽의 손에도 젖은 남비 뚜껑을 들고 있었다.

주방의 수채에서 돌연히 나왔음을 첫눈에 알 수 있다.

노파는 아장아장 두 세걸음 실내에 들어오자 의식적인 쉬어 빠진 목소리로 '나야, 나라니까'하고 말했다.

그러자 친구는 의자에서 벌떡 일어나 기뻐하며 나를 향해
"하바드에요."
라고 하기가 무섭게 그 노파에게로 달려가 젖은 걸레고 남비 뚜껑이고 가리지 않고서 두 팔로 끌어안았다.

하바드는 그 친구의 죽은 남편 이름이다.

그 '하바드'인지 뭔지는 무언가 쉰 목소리로 지껄이고 있었는데 내가 알아들은 것은 '나야'라는 구절 뿐이었다. 그러나 친구로선 그걸로서 충분한 모양으로 자못 소중한듯이 그 '영매'를 의자에 앉히고 한 잔의 포트와인을 주어 '제정신'으로 돌아오게 했다

친구의 얘기로선 이 '희한한' 현상은 매일밤처럼 일어난다는 것으로서 반드시 한손에 젖은 행주를 움켜잡고 결코 놓지를 않는다. 그러나 또 한쪽의 손에 갖는 것은 정해져 있지 않다. 약 병이든가 밥통 등 갖가지이다.

나는 생전의 하바드를 잘 알고 있고 취미도 알고 있었으므로 왜 타계하고 나서 젖은 행주를 좋아하게 되었는지 이해할 수 없지만, 그것은 아무래도 좋은 일이라 이것저것 캐어보고 싶은 생각도 들지 않았다.

그 친구가 자랑스럽게 얘기해 준 바에 의하면 이렇게 출현한

하바드는 일상 생활의 자질구레한 점에 이르기까지 의논에 응해 준다.

목욕실에 새로이 수도 꼭지를 달든가 침실에 양탄자를 깔든가 물탱크를 수리하든가……. 그밖에 어떠한 일이라도 하바드에게 의논없이는 행해지지 않는다.

평소엔 극히 정상이고 분별도 있는 이 친구가 왜 이렇게 되고 말았는가, 나는 그 점에 흥미를 갖고 갖가지로 물어 보았다.

그녀가 말해 준 이야기를 종합하면 이런 것이었다.

그녀가 사후의 존재에 관해 흥미를 갖기 시작했을 무렵 영매에게 부탁하여 망부(亡夫) 하바드를 불러낸 일이 있었다. 그랬더니 하바드는 그녀가 전혀 모르는 유산에 관해 여러가지로 사정을 설명하고 이것은 자기가 어떤 관계자를 움직여 개서(改書)한 것이라고 말했다.

나중에 조사해 보았더니 그것이 모조리 사실과 부합했다. 이것으로 그녀는 사후의 존속을 믿게 되었을 뿐아니라 하바드가 지상의 사정을 남김없이 알고 있으며, 그럴 생각만 있으면 영계로부터 뜻대로 인간을 움직일 수도 있다고 확신했다.

여기까지는 아직 좋았다. 그러나 불행히도 어떤 벗으로부터 '희한한' 영매적 소질을 가진 한사람의 요리인을 소개받았다. 심령에 홀딱하고 있었던 그녀는 그 요리인[실은 그것이 앞서의 노파]이 영매적 소질을 갖고 있다는 말에 서슴치 않고 고용했다.

그러자 이윽고 그 노파에 하바드가 옮겨 붙기 시작했다.

앞서의 유산 건으로 영언 현상에 완전히 미치고 있던 그녀는 그 노파의 입을 통해서 나오는 말을 망부의 말이라고 맹목적으로 믿고 일상의 흔해빠진 일까지 지시를 받게 된 것이었다.
 나는 이대로 버려두어선 안 된다 생각하고 그녀를 설득하기 시작했다. 그러한 삶 방식은 잘못된 것이고 위험하다고 설명했다.
 하지만 친구는 고집스레 듣지 않을 뿐 아니라 거꾸로 나의 쪽에 노파의 영매적 소질을 평가하는 힘이 없는 거라고 반박하는 것이었다.
 그녀는 하바드가 훌륭한 사배령이라고 한다. 나는 난처했지만, 그녀쪽도 반항은 하면서도 나의 설명에 역시 조금은 생각되는 바가 있었으리라.
 그뒤 얼마 안 되어 그 하바드[그녀가 그렇게 믿었던 것인데]로 부터의 통신이 엉뚱한 잘못인 것이 판명되어 어지간한 그녀도 자기의 미신을 겨우 깨달았다.

 이 이야기에서 결국 가장 죄가 있는 것은 누구일까? 영매인 노파를 조종하고 있었던 '악령'일까? 그렇지는 않다. 이 노파는 조금도 영에 의해 조종되고 있었던 것은 아니다.
 자기 암시로서 그럴듯 싶은 흉내를 하고 있었을 뿐이다. 하바드는 '몇 월 몇 일은 오전중 불길하니까 11시까지는 침실에서 나와서는 안 된다'든가 '저 드레스는 나쁜 파장을 내고 있으니까 버리도록 하세요'라고 말했다는데 악령·사령 따위들도 이런 서투른 장난은 하지 않는다.
 이 노파에게도 전혀 영매적 소질이 없었던 것은 아니라고 생각된다. 어느 정도는 그와 같은 경향이 있었으리라. 문제는 이 노파를 과신한 친구의 태도이다. 즉 그 끈질긴, 맹목적 태도가 노파에게 영매인 척 하는 기분을 일으키고 그럴듯 싶은 것을 말하게 했던 것이다.

　다행히도 친구는 그때까지 자기의 어리석음을 재빨리 깨닫고 올바른 심령관으로 눈을 뜨게 되어 좋았지만, 인간이 일단 미혹이 나타나기 시작하면 완전히 수렁에 빠지고 어느덧 미혹의 그 세계에서 안주하고 마는 법이다.

　이 벗도 친구인 나의 거리낌 없는 충고가 없었다면 어떻게 되었을지 모른다.

　영능의 개발에 있어 그러한 미혹에 빠지지 않기 위해 꼭 명심할 일은 먼저 영혼이라 할지라도 결코 만능은 아닌 것, 또한 그들에게도 그들대로의 영계에서의 하는 일이 있고, 지상의 사소한 일까지 일일이 상관하고 있을 겨를이 없다는 것, 그리고 또 제대로 조건이 갖추어지지 않는 한 그리 쉽게 인간을 움직일 수 있는 것은 아니라는 것, 이 세가지 점을 이해해야 한다.

　생각해 보라구요. 죽어서 새로운 세계에 눈뜬 자가 무엇이 좋아서 지상의 별것도 아닌 문제에 일일이 참견하고 싶어 하겠는가.

　현세와 저승의 양계를 통해 불변의 것은 애정과 우정과 동정이다. 때문에 사랑을 바탕으로 한 영계와의 교신, 또 인류의 향상과 진보를 목적으로 한 현세와 유계의 공동 기획이라면 영도 기꺼이 이것에 참가하리라.

　왜냐하면 지상인에 이익이 됨과 동시에 영계의 영들에 있어서도 유익하기 때문이다.

　영능 개발의 궁극 목적은 그러한 넓은 시야에 서의 건설적인 일에 있다. 분실한 지갑이나 프로우치가 있는 곳을 가르쳐 주든가 주식의 예상 등을 묻든가 하는 것은 사도(邪道)이고 너무도 차원이 낮다.
 그런 의미에서 최근 각종의 심령신문이나 잡지, 심령 협회, 영능 양성소 등의 보급과 함께 그런 사람들이 적어진 것은 다행한 일이다.

제11장 직감력

'육감'이라는 말은 영시나 영청과 구별하여 사용할 필요가 있다. 왜냐하면 예컨대 '영이 보입니다'고 하는 사람은 대체 어떤 식으로 보이는가, 육안으로서 보이는가 아니면 영시되는가 하고 물은 적이 있다.

그랬더니 '아뇨, 별로 보이는 것은 아니지요'라고 함으로, 그럼 어째서 자세한 인상이나 몸매까지 아는가 물었더니 이렇게 대답한다.

"'보인다'하기보다 '아는' 거예요. 실제로는 보고 있지 않는 것인데 웬지 알아버리는 것이지요. 이것은 키가 큰 사람이다, 머리는 잿빛이다, 다리가 긴 데 비해 몸통이 짧구나, 하는 일이 퍼뜩 알게 되는 거예요. 그것을 '보인다'고 하는 것은 그러는 편이 설명할 번거로움을 생략할 수 있기 때문이죠."

이사람은 또 이와 비슷하게 '들리는'일이 있다고도 말했다. 즉 상대가 말하는 것이 '들린다'하기 보다는 '알아버리는' 셈인데, 이러한 독특한 감각을 영능자의 사이에선 '감'이라고 부른다.

대개의 경우 잘 들어맞는 말이라고 생각한다.

예를 들어 도깨비 집에 들어갔을 때에 뭐라 말할 수 없는 으스스한 분위기를 느낀다. 그것이 '감'이다.

다만 재미있는 것은 같은 장소라도 그런 감에 의한 느낌

방법이 사람에 따라 다르다는 점이다. 내가 실제로 체험한 이야기를 소개하겠다.

내가 현재 살고 있는 집은 아주 마음에 들고 오래도록 살고 싶다 생각하며, 보기에 낡은 저택으로서 수년 전의 저녁 때 이사왔다.

저택 안에 들어간 것은 그때가 처음이었다. 왜냐하면 집을 빨리 구하고 싶어 앞사람이 짐을 실어내자 예비 검사도 않고 느닷없이 이사를 왔던 것이다.

그런데 3, 4백 년은 되리라 생각되는 그 낡은 저택에 들어가자 나는 웬지 곧바로 2층으로 올라갔다. 그리하여 나중에 침실로 쓰게 되는 한 방에 들어가자마자 별안간 무릎 꿇고 십자를 그었고 자연히 솟아나는 기도의 문구를 뇌까렸다.

그 내용은 극히 간단한 것으로서 요컨대 그 방에서 전에 살았던 사람들이 한시라도 빨리 과거의 죄와 비극을 잊고서 성불(成佛)하고 높은 세계에서 안주합소서, 또한 육친이나 친척으로 이미 성불한 영에 구원을 청하면 틀림없이 구원의 손길을 뻗쳐주실 거라는 것이었다.

지금은 다만 기억속에서 내용만을 꺼내어 말할 뿐이므로 침착한 느낌이 들지만, 그때의 나는 돌연 입밖으로 나오는 말에 놀라움을 금치 못했다.

그런 말들은 나의 머리속에서 형성되자마자 입밖으로 내쏟아지는 것이었다.

다음 번 방에 가서도 같은 일을 반복했다. 그 다음의 방에서도 마찬가지이다. 이리하여 방으로부터 방에로 같은 일을 반복하며 다녔던 것인데 아무튼 낡은 집으로서 발밑이 버석버석

소리가 나므로 전부의 방을 한바퀴 돌았을 때에는 무릎이 아프고 온몸에 피로를 느꼈지만, 그러나 마음 속으로는 가까스로 해야 할 일을 했다는 기묘한 안도감을 느꼈다.

벌써 그 무렵에는 이삿짐 나르는 인부들에 의한 작업이 시작되고 남편이나 하녀가 가구의 위치 등의 일로 연신 나를 불러대므로 그 분주함에 휩쓸려 위에서와 같은 일은 어딘가로 날아가 버렸다.

그런데 그 이튿날 청천의 벽력처럼 나의 신상에 하나의 골치 아픈 문제가 생겼다. 나의 걱정은 이만저만이 아니었다. 좋은 해결책도 없고 이토록 곤란한 일은 이제껏 한번도 없었던 것처럼 생각되었다.

나는 오늘밤 도저히 잠을 이루지 못할 거라고 생각하면서 잠자리에 들었던 것인데 뜻밖에도 자리에 들자마자 푹 잠들고 말았다. 그리하여 이튿날 아침 7시 얇은 천의 커튼을 통해 들어오는 햇빛으로 잠이 깼다.

문득 보니까 반대편 벽을 등지고 150년 가량 옛날의 복장을 한 30대라고 여겨지는 여성이 서 있었다.

이목구비가 뚜렷하고 시원스런 눈매의 살갗도 부드러운 미인인데, 떠돌 만큼의 시련을 당하고 최근에 겨우 정화되었다 싶은 듯한 표정을 짓고 있다.

그 인상이 기묘하게 강렬한 것이었다. 몸에 걸치고 있는 핑크 색의 실크 상의, 레이스의 깃 등도 뚜렷이 눈에 비쳤다.

이윽고 그 사람이 입을 열었지만, 그 목소리는 감칠 맛이 있는 훈훈한 느낌으로 넘쳐 있었다.

말은 간단했다. 나의 신상에 닥친 문제는 이미 해결되었으니 조금도 걱정할 일은 없다는 취지였다. 말하고 나서 지그시 나를 응시하기를 2~3분. 이윽고 모습을 감추었다.

그 여성이 말한대로 나의 문제는 우연이다 생각되는 사건의 연속으로 그로부터 닷새후에 쉽사리 해결되었다.

덕분에 나는 기분좋게 그 집에서 안정할 수가 있었다. 그러자 어느날 밤의 일이다. 나의 심령 동료로서 영감이 날카로운 친구가 두사람 찾아와서 종전처럼 교령회를 개최했다.

끝나고 나서 여느 때라면 그 성과에 관해 활발히 이야기를 나누는 것인데, 웬지 그날밤은 두사람 다 침묵을 지키며 우울한 것처럼 보였다.

"왜그래요?"
라고 내가 물었더니 한사람이 거북한듯이 하면서 내가 입신하려 할 때에 무섭게 인상이 나쁜 영이 바로 옆에 서 있었다고 말해 주었다. 자세히 인상을 물었더니 마치 피에 굶주린 해적과 같은 느낌이었다고 말했다.

그리하여 '나의 감으로 말하면, 아무래도 그 사람은 무서운 죄를 진 사람같은 데 그 죄가 어떤 죄인지 탐지하려 했더니 피터가 당신에게 옮겨 붙었고 그것과 동시에 그 사내의 모습도 사라졌다'고 하는 것이었다.

이야기가 너무나 연극같았기 때문에 나는 속으로 쓴웃음을 금할 수 없었지만, 친구는 정색을 하며 이는 무언가 엄청난 비극의 전조가 틀림없다고 잘라 말했다.

나는 그 친구의 영능이 우수함을 잘 알고 있었지만, 아무리 생각해도 그런 인상의 사내 방문을 받을 까닭이 없으므로 별로 신경 쓰지 않았다. 그리하여 이윽고 잊어 버렸다.

그리고 1주일인가 2주일인가 지났을 무렵이었다고 생각된다. 다른 심령 동료가 찾아왔다.

이 사람도 영능자이지만 앞의 친구와는 우정 관계가 없고 서로 얼굴을 본 일도 없으며 따라서 지난번의 기분나쁜 얘기에 대해선 아무것도 모른다.

나는 곧 그 친구에게 새 집을 안내하며 다녔다. 그리하여 뽐내는 마음이 되어 그 편리함을 설명하고 있으려니까 그 친구가 별안간 창백한 얼굴이 되어 비틀거렸다.

나는 아마도 현기증이라도 났는가 싶어 손을 붙들어 주고 의자에 앉게 해주었다.

그러나 실제는 어디가 아픈 것도 아니었다. 이 사람도 전의 사람과 마찬가지로 몹시 인상이 나쁜 사내가 나의 바로 옆에 서 있는 것을 보고 동시에 비극과 중죄(重罪)의 분위기를 감지했다고 하는 것이었다.

자세히 인상을 물어 보았더니 앞서의 친구가 말한 것과 딱 들어맞는다. 그래서 내가 한 두 주일 전에도 같은 사내가 나의 곁에 서 있음을 본 사람이 있다는 것을 가르쳐 주자, 그사람은

"미안해요, 너무도 인상이 험악하여 완전히 놀라고 말아……"

하고 말했다.

이어 내가 '그렇기는 하지만 나 자신은 그런 남자의 모습이 보이지도 않거니와 불길한 느낌도 들지 않는데……'라고 하자, 그 사람은 또 심각한 얼굴로서,

"그 사내는 아직도 옆에 있어요. 하지만 당신에겐 호감을 갖고 있는 모양이에요. 뭔지 당신의 기도로 구제되었다든가 하며, 당신에게 그와 같이 전해달라고 하고 있어요. 앞에 나왔을 때도 그것을 전하고 싶었는데 전할 수 없었다고 해요."

라고 말해 주었다[앞의 친구가 그 전언을 캐치하지 못한 것은

영의 모습을 본 순간 불쾌감을 너무 강하게 가져 영감이 오그라 들었기 때문이라고 이해했다].

그리고 두 서너 달 지나고서 최초의 친구가 다시 찾아왔다.

내쪽에서 먼저 사내 이야기를 끄집어 내지 않았지만, 교령회를 시작하려는 때가 되어 친구 쪽에서,

"어머, 또 사내가 보여요. 하지만 전과 같은 싫은 느낌은 들지 않네요!"

라고 했으며 약간 사이를 두고서,

"당신에게 구제되어 전보다 훨씬 행복한 처지로 나아갈 수가 있어 열심히 수련중이라고 해요."

라고 한다.

그래서 내가 사실은 또 한사람의 벗도 같은 영을 보고 같은 전언을 받았다는 얘기를 했고 이걸로서 사실이 증명된 것이 된다고 말했다.

다만 그뒤 나의 사배령 피터가 설명해 준 바에 의하면, 두사람의 친구가 본 것은 실인즉 본인 그 자체가 아니고 본인의 상념이 구상화 된 것에 지나지 않는다고 했다.

자세히 설명하면 그 사내의 육체는 오래 전에 사멸하고 없지만 그 사내가 그 집에서 살고 있던 동안의 상념이나 기억이 강렬해서 그 집에 남아있어, 신체는 사후의 새로운 환경에 두어져 있어도 마음은 늘 그 집에 이끌리고 있었다. 즉 그에게 있어선 지상에서 보낸 인생만이 진실한 생활이고 다른 어떠한 생활은 환상적으로 밖에 비치지 않았다.

그러나 육체는 이미 없다. 따라서 그는 현실적으로 현계나 유계(幽界)의 어느 쪽에도 살고 있지 않으므로, 결국 기억 속에 살고 있는데 불과했다.

지상의 친척이나 친지, 친구의 누구 한사람도 그를 위해 기도하려 하지 않을 뿐더러 추념해 주지도 않았다.
아니, 그가 없어져 오히려 시원스럽다는 표정인데 피터에 의하면 이 사내는 원래부터 흉악한 것이 아니고 성격에 약간 거친 데가 있었던 것에 지나지 않았다.
그것이 많은 문제를 불러일으키고 마침내는 비극적인 최후를 마치는 원인이 되었다고 한다.
이리하여 지박(地縛)의 영으로 전락한 강렬한 그의 상념은 하나의 '염체(念體)'같은 것을 만들어 내고 그것이 갈팡질팡 그 저택 안을 방황하고 있었다.
그를 아는 영이 어떻게든지 영계의 쪽으로 주의를 돌리려고 했지만, 아무리 하여도 마음의 창을 열려고 하지 않았다. 그런 때에 나라고 하는 영감이 예민한 인간이 이사를 왔다. 그래서 그를 구하고자 하는 영들이 이것이 기회이다 싶어 나를 조정하고 처음에 설명한 듯한 투로서 이 사내를 위해 기도를 하게 했던 것이다.
자기를 위해 기도해 준 것은 이 사내에게 있어 이것이 처음이었던 모양이다. 사후에도 줄곧 지상의 분위기 속에서 살아온 그는 나라는 지상인의 입을 통해 나오는 기도의 염파(念波)에 감응하여 겨우 마음의 창을 열게 된 셈이었다.

염파라는 것은 영계에 있어서도, 이세상에 있어서도 어지간히 강력한 활동을 하는 것인 모양인데, 정작 중요한 점은 사후의 하층계 곧 지상 가까이를 기웃거리고 있는 영에게 있어서는 고급령의 염파보다 지상 인간의 염파쪽이 보다 잘 감응된다는 점이다.

이 점을 잘 판별하고 우리들 인간은 평소의 행동이나 말에 조심하는 것은 물론이고 타계한 선조령에게 성불을 위해 기도해 드리는 일이 얼마나 중요한가를 인식할 필요가 있다.

사후의 세계와 관련을 가지면 위험하다고 말하는 사람이 있다. 자칫하면 지박령의 뜻대로 되어버리기 때문이라고 하는 것인데, 나는 자신을 갖고서 단언한다.

사후의 하층계에 있는 영쪽이야말로 우리들 지상인의 사념이나 언동에 의해 영향받고 갈피를 잡지못하는 거라고.

물론 지박령의 나쁜 영향을 받아 재앙을 초래한 예가 없다고는 하지 않는다.

확실히 그런 위험성은 있는 것이지만, 그것은 어디까지나 파동(波動)의 원리로서 지박령과 같은 정도의 정신 생활을 하고 있을 경우에 국한되는 이야기다.

육체를 버리고 저세상에 가면 사념이 전부가 된다. 사념의 정도가 곧 당신의 영격(靈格)을 나타낸다.

지상에선 물질에 의해 표면을 속일수가 있다. 즉 화장을 할 수 있다. 복장으로 꾸밀 수 있다. 마음에도 없는 웃는 얼굴을 짓는다. 능숙하게 행동하고, 탐욕스런 장사를 하면 돈이 벌리므로 격에 어울리지 않는 호사스런 생활도 할 수 있다. 요컨대 인격을 속일 수 있는 게 이세상의 특징이다.

하지만 그것을 언제까지라도 계속할 수 있는 것은 아니다. 속일 수 있음은 육안뿐으로서 영능의 앞에선 단숨에 가면이 벗겨지고 만다. 어떠한 술책도 가장도 도움이 되지 않는다. 슬며시 선반에 올라 서서 남보다 높게 보이겠다는 등의 더러운 속셈은 버려야 한다. 선반에서 내려 와 있는 그대로 땅에 닿은 자기로 돌아가야 한다. 그것이 진실한 자기이고 그것

'이상'도 그것 '이하'도 아니기 때문이다.

그러나 유감스럽게도 현실적으로 인류의 태반은 심령학에 전혀 무식하고 좋아서 하는 것은 아니지만, 자기도 모르게 위선자와 사기꾼의 밥이 되는 사람이 꼬리를 잇는다.

이제, 본론에 되돌아가 내가 말하는 '육감'은 그 본질에 있어선 영시나 영청과 마찬가지이므로 이것을 양성해 두는 일이 영시나 영청에 있어서 플러스가 된다.

영능자 자신에게 있어선 객관적으로 보든가 듣든가 하는 편이 뚜렷해서 자신감을 가질 수 있다고 할 수 있지만, 실제로 그것을 '육감'으로 하고 있는 경우도 있는 것이다. 어쨌든, 대체로 육감이 날카로운 사람은 점차로 영시나 영청도 신장張)되는 법이다.

이 점은 어떤 영능에 대해서도 말할 수 있는 것이지만, 그러나 영능을 열심히 닦고 있다면 다른 영능이 차츰 나타나게 된다. 그러므로 자기는 영시나 영청이 아니고 육감으로 감지하고 있을 뿐이라 하며, 비관하는 것은 금물이다. 그러는 사이에 반드시 다른 영능이 나타난다.

내가 지도한 사람 중에 전도 유망한 사람이면서, 육감에 의지하는 방식으로선 자신을 가질 수 없다며 뚜렷이 영시할 수 없으면 안 된다는 생각을 버릴 수 없어 드디어 그만 둔 사람들이 있다.

발달의 초기에 있어선 과연 믿음직 하지 않게 느껴질지도 모르지만, 점차로 연습하는 사이 자기 자신의 생각과 배후령으로부터 보내오는 생각이 구별될 수 있게 되는 법이다.

하지만 여기서 새삼 주의를 환기하고 싶은 것은, 1장에서도 설명했듯이 영능 개발의 궁극적인 목적이 나타나는 중요한 때에 통상 의식속에 대기하고 있는 고등 의식을 활동시키게 된다는 점이다.

이것이 심령학의 가장 중요한 핵심인데, 영능을 개발하여 배후령의 협력아래 타인을 위해 봉사하는 것도 좋지만 배후령측으로서 말하면 뭐니뭐니 해도 당신 자신이 그 점을 자각하여 항상 의식을 높이 가져주기를 바라고 있는 것이다.

'육감'을 양성하는 가장 쉬운 방법은, 면식이 없는 타인의 몸에 갖고 있는 것을 그의 주위사람을 통해 손에 넣고 그것을 쥐어보는 것이다. 이것은 결과를 곧 확인할 수 있다는 이점이 있다. 반지, 브로치, 장갑, 넥타이, 뭐든지 좋으니까 그 사람 이외는 사용한 적이 없는 것을 씻든가 닦든가 하지 말고 손에 가져 본다.

가졌다면 마음을 가다듬어서 그 인상이 싹트는 것을 기다린다. 인상을 느꼈다면 어떠한 일이라도 좋으니까 냉정히 살을 붙이거나 하지 말고 있는 그대로 말한다. 뚜렷하지 않을 때는 정직하게 그와 같이 말하면 되고, '자신은 없지만 말해 보겠어요'라고 양해를 구하고서 느낀대로 말해도 좋다.

이어 입회인이 그것을 옳은지 어떤지 체크하는 것이지만, 입회인이 주의해야 할 일은 맞고 있을 때는 '맞았다'라든가 '그대로이다', 틀리고 있을 때는 '틀립니다'라든가 '빗나갔습니다'고 단순히 표현하는 정도로 그치고 군말을 덧붙이지 않는 점이다.

왜냐하면 실험자는 아직도 미숙하므로 비록 잘못이 많아도 그 중에서 몇 개라도 정확히 맞는다면 자신감이 생기고, 반대로 능력을 의심받는 듯한 과외의 비평을 하면 그만 자신감을 잃고 모처럼 나타내려던 능력이 들어가 버릴 염려가 있는 것이다.

이런 방식을 심령학에선 사이코미트리(Psychometry : 정신측정)라고 하지만, 이것에도 큰 결점이 있다.

그것은 자칫 지상의 인물이나 사물에 관한 사항밖에는 느낄 수 없는 경향이 생길수 있기 때문이다. 그러므로 되도록 타계한 사람의 유품을 사용하고, 그것을 영계의 주인공과 연결하는 연락로로 하면 사이코미트리도 일보 전진한 것이 된다. 이것에는 그 내용이 지상 시대의 것인지, 현재인 영계에서의 이야기인지 그 구별에 곤란이 따르지만, 노력하면 할 수 없는 일은 없고 또한 그렇게 노력해야만 한다.

나의 사배령 피터는 제출된 물품에 참석자가 만지는 것을 싫어한다. 만지면 지상의 것밖에 나오지 않게 되기 때문이라고 한다.

그와 같은 미묘한 문제가 있기는 하여도, 나는 역시 이것은 초심자의 영능 전반을 눈뜨게 하고 육감을 날카롭게 하는데 유익하다고 생각할 뿐아니라 결과를 금방 확인할 수 있다는 점에서도 간편하며 확실한 방법이라고 생각한다.

제12장   자동서기 능력

    수많은 심령 현상 중에서도 '자동 서기' 능력이 가장 효용이 크고 또한 가장 복잡하다. 몇가지 방법이 있지만 기구를 사용하는 것으로 플랑셰트가 있고 가장 고급이 되면 인스피레이션이 그대로 철자화 되는 '영감 서기'가 있다.
    자동 서기란 연필을 잡은 손이 자기 이외의 의지[배후령]에 의해 원격 조종되어 문장이나 그림을 쓰는 현상이지만, 영매 자신은 무엇을 쓰고 있는지 이제부터 무엇이 씌어지는지 그 내용에 관해 아무것도 모른다.
    다만 자동적으로 손이 움직여 한마디, 한마디 씌어진 뒤를 따라 문장을 쫓아갈 뿐이다.
    숙련된 영매가 되면 그 운필(運筆)의 속도는 믿어지지 않을 만큼 빨라진다. 그러나 초기의 단계에선 문자를 배우기 시작한 어린이처럼 느릿한 것이 어색하고 씌어지는 것도 문자가 아니라 다만 동그라미나 꾸불꾸불한 곡선 뿐인 일도 있다.
    이러한 일은 특히 영매와 배후령의 쌍방이 본격적인 것을 느닷없이 구할 경우에 일어나기 쉬운데, 그것은 마치 입신 영매가 느닷없이 완전 입신을 구하는 것과 마찬가지로서 어딘가에 무리가 있는 것이다.
    영혼이 인간의 팔을 컨트롤하는 것은 엄청난 난사(難事)로서 익숙하기 까지는 상당한 일시(日時)가 소요됨을 알 필요가 있다.
 내 자신은 자동 서기의 경험을 통해 적어 보려고 앉아도 좀처럼 되지를 않는다. 어쩌다가 편지 등을 쓰고 있을 때에 별안간 손이 저절로 움직이기 시작하고, 전혀 자기의 의식에 없는 사항을 쓰는 일이 있을 정도였다. 그런데 나중에 조사해 보면 그러한 통신이 실증적 가치를 갖고 있는 일이 많다.

 다음은 양성법인데, 나는 되도록이면 자동 서기의 영능을 가진 사람에게 배울 것을 권하고 싶다. 그것이 불가능할 경우는 자기 혼자서 할 수 밖에 없는 셈인데 그때는 횟수를 1주에 한 두번 정도로 하고 시간도 30분을 한도로 한다. 익숙해지면 피로를 느끼지 않는 범위 내에서 연장시켜 나간다.
 쓰는 도구는 펜보다는 연필이 좋고 그것도 백목(白木 : 나무 그대로 칠하지 않은 것]인 것이 좋다. 칠을 입힌 것은 페이퍼로 정성껏 벗겨낼 것. 용지는 되도록 큰 것이 좋다. 문자가 벗어나는 일이 있기 때문이다.
 어떤 영능에도 공통으로 말할 수 있는 것이지만, 자동 서기에는 특히 안정된 정신 상태가 중요하다.
 흥분하기 쉬운 사람, 신경질인 사람, 짜증을 잘 내는 사람은 자동 서기는 않는 편이 좋다. 아니, 자동 서기뿐이 아니다. 어느 정도의 자제심이 생기기 까지는 어떠한 종류의 영매라도 될 자격이 없다고 하겠다.
 물론 영매가 다소는 천성적으로 민감하고 신경질적인 경향이 있음은 사실이다. 그러나 내가 아는 한 우수한 영매라 하는 분은 모두 자제심을 몸에 지니고 좀처럼 흥분하든가 짜증을 내든가 하지 않는다. 그러기에 남을 돕는데 힘이 되는 영매까지 된 셈이다.

　상기되기 쉬운 영매, 성급한 영매는 마지막에는 몰락의 길을 걷게 된다. 믿음직한 영매가 되려면 영능 그것보다도 먼저 자제심을 몸에 지니도록 노력해야 할 것이다.

　이 점은 자동 서기 영매를 뜻하는 사람에겐 특히 중요하다. 왜냐하면 비록 좋은 지도자를 만났다 하더라도 어느 정도까지 영능이 개발되면, 이윽고 자기 혼자서 해나가지 않으면 안 되기 때문이다. 자동 서기만이 아니고 현상의 성격상 혼자서 하는 편이 바람직한 영매는 육체, 정신 양면에 걸친 인내력과 무슨 일에든 명랑함을 잃지 않는 마음가짐이 절대로 필요하다.

　다음은 단독으로 실습할 경우의 요령을 두 세가지 설명해 보자.

　먼저 튼튼한 테이블(책상)에 대형의 용지를 놓고 연필을 가볍게 잡고서 쓰는 자세를 취한다.

　실내는 어느 정도의 밝기가 필요하지만, 다만 광선이 용지나 또는 필자에 직사되어선 안 된다.

　다음에 머리속을 비우고 그날의 불쾌한 일은 물론이고 특히 흥미를 끈 사항도 잊어버린다.

　시간은 나의 경우 저녁 6시가 좋았지만, 이것은 사람의 생활조건에 따라 달라지는 것으로서 6시에 도저히 시간을 낼 수 없다는 사람도 있으리라. 그런 사람은 좀더 늦추면 된다.

　또 나는 식사의 바로 뒤는 결코 영매의 일을 하지 않기로 하고 있다.

　이제, 쓰는 자세를 취하고 머리를 비웠다면 동시에 연필을 쥐고 있는 손에 대해서도 잊어버린다.

어떠한 변화가 생겨도 보아서는 안 된다. 얼마쯤 지나면 무언지 따끔따끔 하거나 가볍게 눌리는 듯한 느낌이 들거나 한다.

눌리는 듯한 느낌이 들 때는 움직이기 시작하는 전조라고 생각해도 좋다. 그때도 과외의 것은 생각지 않고 버려두면 된다. 이윽고 손이 멋대로 지면을 방황하기 시작한다. 하지만 아직 읽을 수 있는 문자를 쓰지 못한다.

사배령 또는 통신령이 어느 정도까지 인간의 손을 조종할 수 있는가를 테스트하는 단계라고 보면 좋다.

사람에 따라선 지렁이가 기는듯한 곡선만 쓰는 일이 있다. 그러나 이윽고 군데군데 문자인듯 싶은 것을 발견하게 된다.

문자를 발견했다면 재빨리 마음 속이라도 좋지만 되도록 소리를 내어 그것을 영측에 전한다[팔을 컨트롤한다는 것은 영매의 육체 기능을 꽤나 지배하고 있는 셈이므로, 목소리를 내어 말하는 편이 영에 전해지기 쉽다]. 그러면 차츰 읽을 수 있는 문자의 수가 증가된다.

이윽고 글귀가 되고 마침내 문장이 된다.

얼마가 지나도 무의미한 곡선이나 판독할 수 없는 표시밖에 나타나지 않을 때는 할 수 없으므로, 얼마동안 ㄱ 방식을 중지하고 이번에는 '영감 서기'쪽을 시도하는 게 좋다.

이것은 통상 의식인 채 하는 영시나 영청과 같은 요령으로 하면 된다.

용지를 준비하고 연필을 잡는 것은 전과 같지만, 틀리는 것은 손이 움직이는 것을 기다리는게 아니고 머리에 인스피레이션이 번뜩이는 것을 기다리는 점이다.

영감이라고는 하지만 그것이 실제로 영으로부터의 것인지

아니면 단순한 자기 생각의 반영인지를 어떻게 판단하는가 이렇게 생각하는 분이 있을지 모른다. 그러나 그것은 경험을 쌓아가는 사이에 자연히 알게 된다.

혹은 다른 현상과 마찬가지로 결과를 나중에 확인하는 방법도 있다.

가장 좋은 방법은 어떤 인물에 관해 나중에 쉽게 확인할 수 있는 사항으로서 더욱이 당신이 모르는 일에 관한 정보:

— 이를테면 현재의 소재지 등을 사배령에게 요구하는 것이다. 나라면 친구의 친척으로서 이미 타계한 사람을 골라 달라 하고 그 사람에게 직접 나타나게 하여 용모·성격·지상에서의 생활 상태 등에 관해 인스피레이션 식으로 보고를 하게 한다.

요컨대 나중에 확인할 수 있는 단순한 것으로 제한한다. 너무 복잡하게 얽힌 문제는 금물이다.

기타의 문제는 사배령과 통신령과의 사이에서 적당히 하도록 하면 된다. 성명 혹은 그 머리글자 등이라도 좋다.

그러나 모르는 경우는 억지로 요구하지 말 것. 영측은 당신이 구하고 있는 것을 잘 이해하고 최대한의 것을 해주고자 노력하고 있는 것이므로 신뢰하여 맡기는 일이 중요하다.

그렇게 하여 보내져 온 정보를 일일이 기록하는 셈인데, 별로 당황하든가 서두르든가 할 것은 없다. 흡사 받아쓰기라도 하는 심정으로 마음편히 써나가면 된다. 쓰고 있는 사이에 통신령 또는 대리를 맡은 사배령이 차츰 손을 조종하는 요령을 익히고, 점차로 영감 서기로부터 자동 서기에로 이행하는 일이 있다.

그 결과 자동 서기와 영감 서기를 임기응변으로 사용 구분하는 사람도 있고, 이번에는 자동 서기만으로 하고 다음 번엔 영감 서기로만 하겠다는 식으로 하는 사람도 있다.

앞에서 나는 초심자는 시간과 횟수를 제대로 정하고 규칙바른 연습을 하라고 말했지만, 솔직히 말하면 내가 '자동 서기' 통신을 받은 것은 언제나 자동 서기를 전혀 예측하고 있지 않을 때였다. 다만 나의 경우는 그 횟수가 적어 1년에 두 세번 정도였으므로 건강상의 문제는 없었다.

그런데도 한 번, 연속하여 규칙적으로 자동 서기를 한 일이 있었다. 확실히 주 1회의 비율이었다고 기억된다. 버킹검에 살고 있던 무렵의 일로서 그곳에서 멀리 떨어진 코온월 주에 사는 친지 앞으로의 편지가 씌어져 나가는 것이었다.

나는 그 분과는 겨우 두 번 만났을 정도의 사이로 그다지 아는 일도 없었으므로 엮어져 나가는 편지의 내용은 무슨 일인지 모르는 일뿐이었다. 더욱이 그것은 자못 단정적인 투로 씌어져 있으므로, 본인으로선 알고 있는 줄로만 생각했는데 정작 본인도 모르는 일뿐이라서 결국은 제 3자를 통해 조사하고 확인해 달라고 했다.

조사 결과는 남김없이 편지에 씌어 있는 그대로였다. 이것들은 흔히 일컬어지는 텔레파시설과 관계되는 것이 아니다.

그럼 끝으로 나의 자동 서기에 얽힌 흥미로운 체험담을 소개하기로 하자.

제1차 세계대전 중의 일로, 남아프리카(남아연방)에서 영국에 와 있던 한 부인[L부인이라고 하겠다]의 요청에 의해 두 세번 교령회를 열은 일이 있었다.

그것은 전사한 아드님의 소식을 알기 위해서였지만, L부인은 영국엔 2~3년 체류했을 뿐으로서 종전과 동시에 아프리카로 돌아갔다. 헤어질 때 때때로 편지를 보내달라고 하기에 나는 그대로 해드렸다.

어느 날 그 편지를 쓰리라 마음먹고 펜을 잡고서 〈L부인께〉라고 서두를 시작했는데 그 뒤가 한마디도 떠오르지 않는다. 개인적인 교제가 없으므로 쓰는 화제를 찾는데 애를 먹었다. 그리하여 무언가 영감이라도 나타나지 않을까 하며 조용히 수동적 상태로 있으려니까 별안간 손이 움직이기 시작했다. 아직 무엇을 쓰겠다고도 정하지 않았는데 손만이 쓰려고 한다. 보고 있으려니까 〈어머님…〉하고 쓰기 시작했다.

움직이는 대로 내맡겼더니 얼마간 떨리는 필적으로 문장이 엮어졌다. 나의 손목도 팔도 빳빳하게 굳어졌고 그 움직임은 어딘지 어색하다. 그러나 2, 3분이 지나자 스피드가 붙어 작은 글씨로 노트 서너 페이지 분량이나 쓰고 말았다.

그 사이 나로선 다음에 무엇이 씌어질지 모르는 때도 있었지만 쓰기 전에 글귀가 떠올라 오는 일도 있었다. 쓰고나자 애식(愛息)이 자모(慈母)에게 써보낼 때의 문구가 씌어지고 끝으로 아들의 호칭[어머니의 입으로 들었던 본명과는 다른 애칭]이 곁들여졌다.

전부 쓰고나자 나는 대강 훑어보리라 마음먹고 읽기 시작했지만, 두 세줄쯤 읽자 가정 안의 사사로운 일에 관한 것임을 알았으므로 읽는 것을 중지했다. 읽어선 안 된다는 강한 느낌이 들었던 것이다.

그래서 나는 말미에 위의 통신이 나타난 경위를 부기하고 만일 내용이 엉터리였을 때는 아무쪼록 용서를 바란다고 덧붙이고서 봉했다. 나는 자동 서기의 경험이 많지 않아 자신이 없었던 것이다.

그리고 얼마 있다가 답장이 왔다. 통신의 내용은 하나 하나 수긍되는 일뿐으로서 증명도 된다. 부디 앞으로도 이런 유의 통신이 오거든 아무쪼록 보내달라는 것이었다.

나는 그 통신이 그 부인에게 있어 큰 위로가 된 듯한 느낌을 얻었으므로, 시간을 낼 수 있는 날을 골라 통신을 기다렸던 것이지만 1시간 가까이 앉아 있어도 아무런 반응이 없었다. 다른 날에 또 한번 해보았지만 역시 되지 않았다.

그러고서 한 두달이 지난 어느날, 다른 벗에게 편지를 쓰고 있을 때였다. 별안간 L부인 앞으로 쓰고 싶은 충동을 느꼈다.

곧 커다란 용지를 꺼내어 내자신의 편지로써 쓰기 시작하자 전번 때와 똑같은 손의 경직이 시작되었다. 그리하여 예의 아들의 글씨로 어머니에게 보내는 편지가 씌어졌다.

그때도 나는 내용을 읽지 않았다. 나중에 L부인으로부터 온 편지에 의하면 그때의 통신 내용은 일찌기 부인이 개최를 의뢰하고 있던 교령회에 관한 일로서, 영계에서 원조해 달라고 아들에게 기도하고 있었다고 한다.

교령회의 이야기는 영국의 사람은 누구도 알 턱이 없다. 결국 남아프리카에서 기도한 일이 영국에서 자동 서기가 되어 나타난 셈이었다.

L부인과 아드님의 이와 같은 교신은 거의 10년간 계속되었다. 어떤 때는 수개월이나 중단된 일이 있었지만 2, 3개월 연속해서 나타난 일도 있었다.

나의 쪽에서 요청해도 전연 되지 않았다. 생각컨대 이는 내가 쉴새없이 교령회를 열므로 아드님 쪽에서 나를 붙잡을 수가 없었든가 아니면 여차할 때는 나의 심령적 배터리가 이미 끊어져 있든가의 어느 쪽인가이리라.

그럭저럭 하는 사이에 통신이 뚝 끊어졌다. 어느 날 나는 L부인에게 편지를 쓰고자 책상 앞에 앉았지만 도무지 문장이 떠오르지 않아 헛되이 용지를 찢어 버릴 뿐이었다. 두 세달 있다가 또 책상을 향하고 〈L부인께〉라고 서두를 시작한 뒤 〈오랫동안 소식을 드리지 못했습니다만 운운…〉하고 상투적 문구를 쓰고서 슬슬 아드님이 나타나 주면 좋을텐데 하고 생각했지만 나타나지 않는다.

그럭저럭 수년간이나 아들로 부터 통신이 나타나지 않으므로, 내 개인의 편지만으로선 오죽이나 어머니가 유감으로 생각할까 하며 안타까왔지만 끝내 오지 않았다.

게다가 이상한 일로 나의 마음 속에서 '이제 쓰지않아도 된다'고 하는 듯한 느낌이 드는 것이었다. 나는, 이는 틀림없이 편지를 쓰는 게 귀찮다는 심정의 나타남이라 생각하고 부득이 변명의 편지를 쓰기로 했다.

나는 이렇게 썼다.

'아드님이 나타나지 않게 되었습니다. 하지만 이것은 아마도 내가 손을 다치고 있음을 알고서 사양하고 계시기 때문이겠지요. 손 쪽은 완전히 나았으니 부디 어머니 쪽에서 그렇게 전해 주시고 다시금 저한테 꼭 오셔서 통신을 써주도록 하십시오.'

이런 편지를 부친날 밤의 일이다. 내가 잠자리에 들려고 하자 L부인이 뚜렷한 모습으로 나타났다. 그러나 아무런 말도 없이 불과 수초만에 사라졌다.

그리고 수주일쯤 있다가 L부인의 친척으로부터 부인의 죽음을 알리는 편지가 도착했다. 조사해 보았더니 그녀의 죽음은 마지막 통신을 받고서 얼마 되지 않은 무렵의 일임이 판명되었다. 이것으로 아들로 부터의 통신이 끊긴 까닭을 알았다.

피터의 설명에 의하면 아드님과 나와 사이는 순수 심령적 인연에 의해 연결되고 그것은 어머니와 아들의 열렬한 사랑의 유대를 얻어야 비로소 이용할 수 있었던 것이다. 그것이 일단의 죽음에 의해 끊기고 말자 두번 다시 이용할 수 없게 되고 말았지만, 어머니인 L부인만은 지상의 인연에 의해 나를 생각해 내고 모습을 보였다는 것이었다.

이런 예로서도 엿볼 수 있듯이 자동 서기 능력은 벽지에 살고 있어 교령회에 나올 찬스가 없는 사람들로도 이용할 수 있는 편리한 영능이다.

나에게 아프리카의 기니아라든가 인도라든가 그밖의 문자 그대로 세계 각지의 스피리튜얼리스트로부터 영계와의 교신을 바라는 간절한 편지가 곧잘 온다.

이와 같은 사람은 참으로 많다. 나와 같이 영국에 있어도 직업의 형편이나 경제상의 문제 등으로 마치 사하라 사막이나 오스트레일리아 내륙부에서나 살고 있는 것처럼 교령회와는 인연이 없는 사람이 있다. 그러한 사람들을 위해 자동서기 영매의 뜻있는 사람들이 모여 그룹을 조직하고 희망자의 의뢰에 응할 수 있게 된다면 얼마나 기뻐할지 모른다.

앞에서 영감 서기의 이야기를 했지만 이것은 써야 할 문구가 하나 하나 머리에 인스피레이션 식으로 떠오르는 것을 적어나가는 셈인데, 결코 자기가 생각하는 게 아니고 다음에 어떤 문구가 나오는지 모르는 경우가 많다.

내 자신에도 이런 유의 경험이 있지만 지금까지 행한 얼마 안 되는 자동 서기 현상을 보면 보통의 자동 서기와 영감 서기의 2종류가 섞여 있었다고 생각된다.

자동서기 통신은 단지 망자로 부터의 실증적 통신이 얻어질 뿐아니라 근년에 이 방법으로서 놀랄만한 장문의 걸작이 나타났다. 예를 들어 커밍스 여사의 Scripts of cleophas 등이 그 좋은 예이다.

많은 교양인이 이것을 읽고 고금에 드문 영적 산물이라고 절찬했다.

옛날부터 걸작이라 일컬어지고 있는 뛰어난 문예 작품도 실은 그 대부분이 타계의 거주자가 보낸 인스피레이션에 의한 것이라고 나는 믿는 것이다.

그렇다고 나는 인간에게 창작력이 없다고 말할 생각은 없다. 우리들 인간에게도 훌륭한 창작력이 갖추어져 있고 되도록 이를 발달시키며 연마해야 하겠지만, 타계한 사람들에 의한 그 분야 그 방면에 있어서의 원조도 확실히 크다.

그들은 물질의 세계를 떠나고 있는 까닭에 의식주의 걱정도 없고 질투나 부러움도 없으며 자유 활달하게 활동할 수 있으므로 그 원조는 귀중하다고 하지 않을 수 없다.

문제는 그들과 접촉할 수 있느냐 하는 것 뿐이다.

내가 믿는 바에 의하면 타계에는 그러한 인격과 역량이 함께 뛰어난 영이 다수 있고, 지상 인간의 정신적 향상을 원조하는 것을 사명으로 알고서 적당한 영매를 통하여 작용하고자 늘 기회를 엿보고 있는 게 틀림없다.

그렇다면 인간 쪽에서도 정신을 항상 깨끗이, 높게 갖기 위한 수양에 힘써야 한다. 이것이야말로 타계의 뛰어난 영혼과 접촉하는 유일의 길이기 때문이다.

제13장 치병능력

치료 의학의 최대 결함은 눈에 보이지 않는 우주 에네르기의 존재를 모르는 데에 있다.

나는 치료 의학의 전문가는 아니지만 최근 건강이니 치료니 하는 문제에 관심을 갖게 된 후, 특히 그 점을 통감하지 않을 수 없다.

과학에 의하면 우주에는 단 하나의 에네르기가 존재할 뿐이라고 한다. 결국 그런 유일한 에네르기가 천변만화(千變萬化)의 비단을 엮어나가면서 이 복잡한 현상계를 연출하고 있는 것이지만, 만일 그렇다면(물론 나는 그렇다고 믿지만) 중력(重力)도 자연의 위력도 나아가선 텔레비전과 치유력도 근원을 따진다면 같은 우주 에네르기가 모습을 바꾼 것에 지나지 않는다는 것, 내지 그것이 신의 계획의 한 끝을 담당하고 있을 것이라는 것은 한점 의혹의 여지도 없을 터이다.

그것이 신의 계획의 한 끝을 담당하며 우주와 함께 존재해 온 것인 이상 선악의 구별로부터 본다면, 말할 나위도 없이 '선한 것'인 터이다.

그러나 그것을 어떻게 이용하고 어떻게 쓸모있는 것으로 만드느냐는 이미 신이 아실 바가 아니다. 말하자면 인간에게 과해진 숙제이고 책무이다.

그래서 이제부터 나의 주장을 소개하겠지만, 결국 우리들의 신체를 건강하게 유지해 주는 것은 우주 에네르기의 일부가 아닐까.

만일 그렇다고 하면 이 보건 에네르기는 병의 치료에도 응용할 수 있는 게 되겠는데 과연 가능한 것인가.

예를 들어 설명하면, 의학상으로서 병이란 세포가 악화된 상태라고 정의한다. 병이라는 '결과' 그 자체를 설명하면 그렇게 말할 수 없는 것도 아니겠지만 '원인'부터 말하면 무언가의 사정으로 세포에의 활력 보급이 저해되었을 것이 분명하다. 그러면 그런 장해물을 제거하고 쇠약한 세포에 보건 에네르기를 보급해 주기만 하면 반드시 본래의 건강체로 돌아간다고 하는 게 나의 지론이다.

그 원인, 곧 세포의 활력을 둔화시키는 것으로써 요즘 '악감정설(惡感情說)'이 대두됐다. 물론 나도 악감정이 신체에 악영향을 미친다는 건 충분히 인정하지만, 다만 그런 악감정을 제거하는 것만이 치료라고 생각하는 것은 잘못이라고 생각한다.

즉 악감정을 제거한 뒤에 그 환부에 보건 에네르기를 보급해 주지 않는다면 진정한 치료라고 할 수는 없으리라.

그리고 나는 악감정설 자체가 꼭 절대적인 것은 아니라 믿는다. 왜냐하면 만일에 병 모두가 악감정에 의한 것이라고 하면, 죄없는 천진난만한 어린이나 갓난애까지 병에 걸려 있는 사실을 설명할 수 없기 때문이다.

그렇다고 내 자신에게 병의 원인에 관한 확고한 주장이 있는 것은 아니다.

내 자신으로선 다만 나쁜 감정이나 사상이 직접적 원인은 아니고 간접적인 원인에 불과하다는 것, 그리하여 최대의 원인은 어쨌든 보건 에네르기 혹은 생명 에네르기가 부족되는 일에 있다 하는 정도밖에 말할 수 없다.

 그러나 나는 어린이나 갓난애의 병에 관해서는, 그 간접적 원인은 여러가지가 있다 하여도 적어도 그 아이의 건강에 필요한 어떤 종류 눈에 보이지 않는 에네르기가 부족하기 때문이라고 하는 것만은 분명히 잘라 말할 수 있다.

 아무리 어르고 달래도, 아무리 젖을 먹여도 정작 눈에 보이지 않는 우주 에네르기가 보급되지 않는 한 어린이는 절대로 울음을 그치질 않는다.

 그 간접적 원인의 첫째로는 지금 말한 악감정설을 들 수 있으리라. 그렇다고 이 경우는 어린이 자신의 악감정은 아니다. 원인은 부모에게 있다. 예수가 돌아간 뒤의 인류는 다시 물질적인 것, 눈에 보이는 것에 마음이 사로잡히고 눈에 보이지 않는 것의 존재를 잊어 버렸다. 어린이 병의 간접적 원인의 하나로써, 아니 가장 중대한 것으로써 나는 그 점을 지적하지 않을 수 없다.

 그럼 문자 그대로 결함 인간이 되어버린 현대인을 다시 예수 시대의 인간과도 같은 제대로인 인간으로 되돌릴 수는 없는 것일까?

 물질과 정신의 동일설(同一說)을 믿고 또한 그것을 의식한 인간 생활에 되돌아 갈 수는 없는 것일까?

 들은 바에 의하면 아프리카 원주민의 어머니는 어린이를 잠재울 때는 물론이고 완전히 잠들고 나서도 이제부터의 앞날 인생에 필요한 애기를 노래로 엮어, 잠시 조용히 노래하여 들려준다고 한다.

 그것에 의해 남아는 무사 정신이 길러지고 여아는 모성적

본능이 키워진다.

　나는 뭐 이것과 같은 일을 즉시 실행하라고 말하는 건 아니지만, 이런 사실로서 '음식과 안락만으로 어린이는 성장하지 않는다'는 것만이라도 알아 주었으면 하는 것이다.

　실제 세상의 어버이들이 우주 에네르기에 관한 지식을 넓힘으로서 얼마나 많은 어린이들의 병이 감소될까 하고 생각한다.

　되풀이 하는 것 같지만 금전적으로 부자유 하지 않게 한다든가 영양분이 풍부한 음식을 마음껏 먹인다 하는 것만으로선 결코 어린이의 건전한 발육을 바랄 수 없다.

　어버이 스스로가 우주 에네르기의 섭취 방법을 연구하여 건전한 심신을 갖추는 일이 결과적으로 자녀의 건강을 낳게 되는 것이다.

　한편 의학 쪽에서도 좀더 이 눈에 보이지 않는 우주 에네르기에 관심을 주었으면 한다. 전기도 열도 우주 에네르기의 일종이다.

　보건 에네르기 역시 어떻게 전기 에너지를 검사 하듯 조사 할 수는 없는 것일까?

　쥐 한마리를 잡는데도 여러가지의 방법이 있듯이 병을 고치는데도 아직도 얼마든지 방법은 있을 게 틀림없는 것이다.

　분명히 말해서 현대의 의학은 아직도 병이란 무엇인가, 왜 병이 일어나는가 하는 점에 관해서는 확고한 설을 갖고 있지 못하다.

　그것은 결국 병이다 하는 '결과'만을 주고 정작 생명 문제, 혹은 우주라는 넓은 범위의 문제를 등한히 하고 있기 때문이 아닐까? 의학이 현재의 좁은 연구 범위로부터 벗어나 생명이란 무엇인가, 우주는 무엇에 의해 유지되고 있는가 하는 큰 문제와 씨름하면 내가 말하는 보건 에네르기도 반드시 발견되고 그 응용이 숱한 불치의 병을 완쾌시킬 수 있으리라.

이것은 동시에 고쳐주기를 바라는 쪽, 환자측의 책무이기도 하리라.

다음은 '에네르기 보존의 법칙'과 건강의 관계에 관해 설명해 보자. 에네르기 보존의 법칙이란, 지구에는 지구에 있어 필요한 분량의 에네르기가 할당되어 있고 그 분량은 영원히 늘지도 줄지도 않는다는 것이다.

우리들 인간에는 지구가 간직하고 있는 에네르기를 발굴하여 그것을 유효, 낭비 어느 쪽인가의 방향으로 사용할 수는 있어도 새로운 에네르기를 제조하든가 낡은 에네르기를 이 지구로부터 소멸시키든가 할 수는 없는 것이다.

이 점은 지구뿐 아니라 각 개인, 각 국가 및 전 대우주에 관해서도 말할 수 있는 것이다. 그러나 여기서 특히 한 개인의 경우를 들어보자.

'한 개인의 에네르기 보존의 법칙'이란 요컨대 개인에게는 그 개인이 필요로 하는 에네르기만이 할당되고 있다는 것이다.

듣고 불안을 느끼는 사람이 개중에는 있을지도 모른다. 그렇다면 그렇게 느끼는 사람 자신은 자기로서 발휘할 수 있는 한의 전 에네르기를 줄곧 낭비없이 유효하게 사용한다고 단언할 수 있을까.

바꾸어 말하면 힘닿는 한 최선을 다하고 있다고 자부할 수 있는 것일까.

이제는 언제 죽어도 한이 없다고 잘라 말할 수 있는 것일까?

아마도 할 수 없으리라 생각한다. 아무리 정력적으로 사회를 위해 다하고 있다 하여도 참된 의미로서의 '온힘'을 다하고 동시에 그 힘의 사용 방법에 하나의 낭비도 없다고 누가 단언할 수 있겠는가.

오히려 요즘의 인간은 그 반대가 아닐까. 쓸데없는 오락에 넋을 잃고 하찮은 이익 획득에 내자신을 잃으며, 마침내는 시시한 저급 감정으로 마음을 닳아빠지게 한다.

이렇다면 신체의 건강을 유지하지 못하는 것도 당연하다. 그런 에네르기의 반이라도 좋으니 간소하고도 자연스런 생활을 위해 사용해 보는 것이 어떨까?

성서에 나오는 성자들은 이를테면 '간소한 생활의 수도자'였었다. 바꾸어 말하면 '갖지 않은 생활'을 구한 사람들이었다. 물질적 에네르기를 되도록 절약하고 그것을 영적인 에네르기로 전환하고자 하는 곳에 그들의 위대한 비밀이 있었던 것이다.

동시에, 그곳에 그들 건강의 원천도 있었다. 현대인도 조금 그들의 흉내를 내보는게 어떤가. 부질없이 에네르기를 낭비않고 최소한도의 에네르기로서 최대의 효과를 올리도록 궁리해 보면 어떤가.

하지만 오해해서는 안 된다. 시름많은 세상을 떠나 신선과 같은 생활을 하라고 말하는 것은 아니다.

인간적 체취를 버리라는 것도 아니다. 명랑과 바보 웃음도 일종의 건강 원천이다. 다만 내가 주장하고 싶은 것은 에네르기의 헛된 낭비를 피하고 그런 에네르기를 건강의 원천 탐구에 전용하면 어떠냐 하는 것이다.

그것이 당면한 인류의 과제이고 현대 의학의 정체성도 보건 에네르기라는 눈에 보이지 않는 우주 에네르기의 탐구에 착수하지 않는 한 언제까지라도 해결되는 날은 오지 않을 것을 단언해 마지 않는다.

정신력의 활용

그 옛날 중국을 역방(歷訪)한 서양의 의학자들은 중국의 의사가 갖고 있는 경건한 마음과 자신감에 감동한 동시에 그 결과 얻어지는 훌륭한 성과에 경탄했었다.

그런데 의사가 사용한 약을 나중에 조사해 보았더니 실제로는 아무런 효력도 없는 것이 적지 않았다.

또한 아메리칸 인디언들 사이에는 병은 모두 제각기 악령에 의한 것이라는 생각이 있고, 누군가 병에 걸리면 주술사는 그 환자를 향해 너에게 붙어있는 악령은 무서운 소리를 들려주든가 악마와 같은 탈이나 분장을 보이면 반드시 물러갈 것이라고 일러준 뒤, 천막의 입구에서 북을 두들기고 노래를 연신 불러 악령을 놀라게 하는 풍습이 있었다.

대개의 병은 그것으로서 제법 낫는 모양이다. 하기야 그 무서운 소리나 탈때문에 환자의 생명쪽이 먼저 물러가지 않는다면 말이다.

말이 나온 김에 덧붙이면 이런 풍습을 설명해 준 인디언의 말에 의하면 교양이 없는 몽매한 인간일수록 구름이나 바람 속에서 신을 본다는 것으로서, 따라서 이런 유의 치료법이 교양있는 의사의 치료보다도 훨씬 효력이 있다고 한다.

그건 그렇고, 어떠한 치료도 그 근본을 극히 쉬운 말로 말한다면 '마음가짐'이라고 한마디로 설명된다.

그 까닭인즉 인간은 어디까지나 감정의 동물이기 때문이다. 옛날의 격언에도 '너의 생각하는 마음이 곧 너이다'는게 있지만, 이것이 인간을 다루는데 있어 참으로 중요한 의미를 갖는다는 것을 요즘에 와서야 겨우 알게 되었다.

또한 그와 같은 이론아래 치료를 실시하고 있는 단체가 이미 나타나고 있다.

예를 들어 기독교의 계통인 크리스쳔·사이언스라는 치료전문의 일파는 의약을 쓰지 않고 신앙의 힘에 의지하는 것을 제일의(第一義)로 하며, 마찬가지로 기독교의 흐름을 쫓는 유니티·스쿨에선 의지의 힘과 '바른 마음가짐'의 중요성을 특별히 가르치고 있다.

어쨌든 지금 유행하는 새 사상 단체들은 많든적든 '바른 마음가짐'이 갖는 위대한 힘을 강조하고 있다.

지금 여기서 인간의 이원성—즉 인간이 정신과 육체의 이원(二元)으로 되어 있다는 설에 관한 이론이나, 신앙이란 것을 자세히 설명할 여유는 없다. 마찬가지로 이런 이원성을 주장하는 것이라도 그 설명법이나 용어가 갖가지로 달라 복잡하기 이를 데 없다.

예를 들어 같은 의식에도 현재의식, 잠재의식, 식역하(識域下)의식, 타아(他我)와 같이 여러가지가 있다.

그러나 이렇듯 인간의 이원성에 관한 설을 여러가지로 검토하고 있으려니까 서양의 구약성서에 나오는 우주 창조원리가 이원성을 갖고 있음이 생각난다.

즉, 신이 신의 상상력에 의해 '우주가 있다.'고 상상했으므로 이 우주가 태어났던 것이고, 인간도 동물도 기타 온갖 물질도 이러한 신의 상상력이라 하는 정신적인 것에 의해 창조되었다는 것이었다.

이와 같이 우주가 의지에 의해 창조되었다 하는 이야기는 의지의 힘을 함양하는 데 있어 더할데 없이 좋은 기반이 되지 않을까 생각한다.

그러나 이는 서양에만 국한되지 않는다. 세계의 어느 종교들도 우주의 창조를 모두 신의 의지에 돌리고 있다. 이와같이 우주가 만능의 신 의지에 의해 만들어진 것인 이상, 우주의 시초는 무엇이고 '선한 것' 뿐이었다.

그런데 최초의 인류였던 아담과 이브가 에덴의 동산에서 신의 뜻에 어긋나는 짓을 했기 때문에 그때까지는 선이라는 유일의 창조력 밖에 없었던 우주에, 선에 대항하는 이른바 악의 힘이 태어나고 그 결과 우주에는 양과 음, 적극적인 것과 소극적인 것, 선과 악이라는 이원(二元)이 존재하게 되었다는 것이다.

고대 페르샤에서 발생한 조로아스터교(배화교)는 세계에서 가장 빨리 종교로써의 형태를 갖추었다고 하지만, 이 종교의 근본 철리도 선신과 악신의 영원한 싸움이었다.

선과 악은 늘 갈등하고 결국은 선이 악을 제압한다는 것이지만, 이것은 '태양의 해돋이와 해넘이'를 '빛과 어둠의 싸움'으로 믿은 태고의 태양 신앙을 계승한 것이 분명하다.

그들은 겨울에 해가 짧아지는 것을 빛의 패배라 믿고서 두려워하며 떨었고, 봄에 해가 길어져감을 보고서 빛이 이긴 것이라 하며 축하의 제례를 올렸다. 그들은 거기서 '역시 태양은 강하다'는 신앙을 깊이 했던 것이었다.

생각하건대 인간의 본성이라 하는 것은 이와 같은 태고의 신앙 속에 여실히 나타나고 있는 게 아닐까?

적어도 살려고 하는 생활의욕과 마시는 일, 먹는 일, 입는 일, 일하는 일과 같은 이른바 물적 생활과의 관계에 있어서는 태고의 인간과 현대의 인간과는 전혀 동일한 행위를 계속하고 있다고 할 수 있으리라.

그런데 인간의 잠재의식이란 숨을 쉬는 일이며, 심장의 고동, 위장의 소화 운동과 같은 특별히 의식 않더라도 자동적으로 움직여 주는 기능을 갖는 이를테면 무의식의 의식을 말한다.

그렇지만 비록 자동적이고 무의식이라 하여도 그것을 의식적으로 제어하고자 생각하면 못할 것은 없다.

어떤 사람은 심장의 고동을 거의 스톱시킬 수가 있다고 한다. 그러면 이 점은 비록 무의식의 기능이라 하여도 노력 여하로 그것을 의식적으로 '좋게'할 수가 있음을 암시하고 있는 말이다.

확실히 '살려는' 생활 의욕만 강하면, 이는 누구라도 할 수 있는 일이다. 스스로 자기의 신체 제어법을 연구하고 또한 그것을 평소부터 실행하도록 힘쓰면, 그것은 그만큼 건강에의 열쇠를 손에 넣는 셈이다.

잠재의식의 활용

그럼 그 잠재 의식의 제어라는 것에 관해 좀더 이야기를 진행해 보자.

먼저 독자는 이런 체험을 갖고 있을 것이다. 어느 때 무언가의 용건으로 이튿날 아침은 무슨 일이 있더라도 빨리 일어나야만 했다. 그렇지만 자명종 시계가 없다. 할수없이 그 밤은 '내일 아침은 X시에 꼭 일어나야만 한다'고 자기에게 일러주고서 잔다. 이것이 잘 되면 그 이튿날 아침은 물론이고 필요시에 매일 아침 X시에 정확히 일어날 수 있게 된다. 그러나 이미 특별한 볼일도 끝나고 '이제는 그렇게 빨리 일어나지 않아도 된다'고 생각한다.

그러면 그 다음 아침부터는 또 여느 때의 시간에 잠이 깨게 된다.

이렇듯 잠재의식이라는 것은 현재의식(顯在意識), 즉 평상의 일상 의식이 ' 반드시 꼭 해야 한다'고 생각한 일이라면 곧 말한 것을 듣는 법이다.

그러나 애당초 인간의 진아(眞我)— 혼이라는 것은 참으로 응석꾸러기로서 본 것은 뭐든지 탐낸다.

게다가 공부가 질색이고 웃사람의 말을 좀처럼 들으려 하지 않는다. 물론 자기의 행위나 말에 책임이 있다는 것 등에는 도무지 무신경이다. 그러나 이런 '인간의 언행에는 모두 책임이 있다'는 사실은, 잘 생각하면 이것이야말로 인간 생활에 있어서의 행복의 열쇠라고 생각된다.

왜냐하면—애당초 인간에는 도의심이란 것이 깃들고 있다. 즉 단일(單一)의 영적 존재물인 인간 개인에는 각각의 책임과 의무가 있다는 것이다. 그런데 인간이란 것은 지금도 말했던 것처럼 응석꾸러기라 도의심을 무시하기 쉽다.

인간 개인의, 아니 세상 전체의 '불행'이나 '역경'이 귀결되는 바 그 책임과 의무의 무시, 즉 도의심의 무시로부터 생긴 결과에 지나지 않는 것이다.

그것을 거꾸로 바꾸어 말하면, 만일 개인 개인이 자기의 책임과 의무를 충실히 다하고 있으면 생활에 불행도 부족도 있을 수가 없을 터이다.

인간의 언행에는 모두 책임이 있다는 사실은, 그러한 의미에서 참으로 의미심장하다.

약간 옆길로 빗나갔지만, 다시 본론에 돌아와 여기서 또 한가지 중요한 과학적 사실을 말하겠다. 그것은 이른바 정신이라는 것은 인간의 내부에 숨어있는 신적 자아와 육체가 갖가지의 교훈이나 뉴스를 주고 받는, 그 전달자와 같은 것이라는 점이다.

말하자면 양자를 잇는 다리이다. 따라서 정신은 당연히 양자의 성질, 즉 신성(神聖)과 물질성을 아울러 갖추게 된다. 물론 양자의 어느 쪽이 결여되어도 그 존재 가치는 없어진다.

또 이를테면 양자가 훌륭히 갖추어져 있어도 그 양자가 잘 연결돼 있지 않으면 서로의 연락이 순조롭지 않게 되고 그 결과 육체적 불균형을 가져 오는 것이다.

뇌수라는 것은 과거 일어난 일 등의 단순한 저장소에 지나지 않고 정신이란 그런 저장소와 본부와의 사이를 왕복하는 운반차와 같은 것이다.

이제, 우리들은 앞에서 중국인이나 인디언의 사이에서 행해지는 주술(呪術)방법에 언급했지만, 그들의 방법도 결국은 주술사에 대한 신뢰감으로부터 비롯되는 정신의 평안과 감수성의 강함이 큰 요소로 되어 있었던 셈이다.

이는 현대라도 마찬가지다. 위대한 의사라고 소문이 자자한 사람을 보게 되면 그것을 잘 알 수 있다.

예를 들어 어떤 의사가 한사람의 환자를 기적적으로 고쳤다고 하자.

이런 일이 이웃 사람의 귀에 들어간다. 그러면 그사람도 그만 가고 싶어진다. 가보았더니 운좋게도 그 사람역시 곧 나았다. 그러면 이미 그 일이 순식간에 온 동네의 평판이 되고 병이라 하면 반드시 그 의사한테 가게 된다. 가 보았더니 과연 잘 낫는다.

이런 상태라 그 의사는 일약 '명의'가 되고만다. 이것도 결국은 '저 의사에 가면 반드시 낫는다'하는 신뢰감과 그런 신뢰감에서 생기는 감수성이 큰 원인으로 되어 있는 것이다.

그러나 이 일은 병이 결코 정신만으로 낫는다고 말하는 것은 아니다. 3장에서 설명한 것처럼 인간의 몸에서는 늘 일종의 자성(磁性)을 띤 '오오라'라는 것이 방사되고 있어, 이런 자성 오오라가 단지 육체 치료에 그치지 않고 정신요법일 때도 효력을 발휘할 경우가 있다.

이때에는 꼭 신체상의 접촉을 필요로 하지 않는다. 다만 오오라와 오오라가 접촉만 하면 충분하다.

그런데 정신요법에 있어 가장 중요한 활동을 하는 것은 뭐니 뭐니 해도 치료가의 말이다.

치료가가 자신없는 말을 입에 올린다면 우선 나을 가망은 없다.

치료가는 조용하면서도 환자에게 자신감을 주는듯한 태도로 먼저 '고치는 힘은 환자 자신이 갖고 있는 것이다'하는 것을 잘 설명해 주고 이어 '그런 지식과 의지의 힘만 확고하다면 신체의 컨디션 따위는 아무것도 아니다'라는 확신을 심어주는 일이 중요하다.

하기야 의사 중에는 그때에 이른바 '안심시키는 약'이라는 효력이 없는 정제나 물감을 탄 달콤한 음료를 주어 희한한

효과를 올리는 사람이 있지만, 이 경우도 역시 환자 자신의 '낫는다'하는 신앙이 큰 활동을 하고 있는 것이다.

다만 다짐삼아 주의해 두지만, 심령 치료가만은 비록 '안심시키는 약'처럼 효력이 없는 것이라도 약이라 이름붙는 것은 절대로 사용해서는 안 된다.

동시에 진찰을 하는 일도 허용되지 않는다. 이것은 법적으로 금지되어 있는 것이므로 부득이하다.

한번 뉴욕의 제시 카알이라는 심령치료가가 환자에게 '안심시키는 약'으로써 따뜻한 물을 주려고 하자 실은 그 환자가 형사로서 옳거니 하고 보기 좋게 검거되고 그때문에 벌금을 낸 예가 있으므로, 심령 치료는 아무쪼록 주의하기 바란다.

그럼, 또하나 정신요법의 일종으로 최면요법이라는 게 있다. 최면술은 가장 고도의 암시법이고 유능한 사람에 의해 상당히 훌륭한 성과를 거두고는 있지만, 최면이라는 것이 한낱 암시와는 달리 피술자(환자)를 극도로 감수성이 강한 상태로 이끌고 그런 상태에 빠진 환자는 선악을 불문하고 뭐든지 영향을 받을 위험성이 있으므로 어지간히 자신이 있는 사람이거나 어지간히 사람이 된 인간이 아닌 한 이 최면요법을 않는 편이 좋다.

자기력(磁氣力)의 활용

그럼, 또하나의 요법으로서 자기(磁氣)에 의한 방법을 보자. 이 방법은 접촉 요법을 즐기는 치료가―즉, 손끝이나 손과 같은 신체의 일부를 환자의 몸에 대면서 고치는 방법을 특기로 하는 치료가가 흔히 행하는 것이다.

상당히 이전의 이야기지만 필자는 고대 중국의 유적으로부터 발견되었다 하는 오랜 목판화의 사진을 본 적이 있다.

그 사진을 보니까 환자이다 싶은 한 인간이 낮은 의자에 앉고 그 옆에 또 한 인간이 서서 양손을 그 환자의 앞과 뒤에 대고 있었다. 이것은 명백히 자기요법을 하고 있는 광경이고, 이것에 의해 자기요법이라는 게 결코 새로운 방법이 아님을 알게 된다.

그런데 독자 중에는 이런 '자기'라는 말이 분명치 않다고 생각되는 분이 적지 않을 거라고 생각된다.

그 중에서도 '동물 자기'라는 것은 자기 현상 중에서도 가장 알려져 있지 않은 것으로 생각된다. 자기 작용이 항상 음과 양의 두가지 성질을 가졌고 이 가운데 어느 것이 결여되어도 자기 작용은 생기지 않는다는 것쯤은 알고 계시리라.

그러나 애당초 형태라든가 빛, 색, 소리, 열, 전기와 같은 현상의 원리는 무엇인가 하면, 이것이 이른바 바이브레이션 즉 '진동'이고 위의 자기 작용이란 것도 실은 이 바이브레이션의 한 현상인 것이다.

대체로 우주간의 현상은 모두 이런 바이브레이션의 원리에 의해 설명이 가능하다.

예를 들어 병이라는 것은 건강한 바이브레이션이 약해지고 저하된 결과 생기는 현상이다.

이런 바이브레이션이란 것을 과학에선 원자(Atoms), 미립자(Corpuscles) 전기성 제분자(Electric elements)등이 늘 진동하는 상태라고 설명하고 있지만 신비주의 사상에선 원자는 기하학적 구상(球像) 운동과 평면적 타원 운동의 두가지 운동을 가졌고 그것이 자기력의 중핵을 이루고 있다 하며, 동시에 원자는 음성과 양성을 갖춘 우주 의식의 극소 분자라고 한다.

그것이야 어쨌든 바이브레이션이 일종의 운동이고 이 운동이 일종의 에네르기 현상임에는 틀림이 없다.

음파를 조사해 보면 그 종류로선 1초간에 16회 진동하는 것부터 3,800회나 진동하는 것까지 있고 그 중에서 인간의 귀에 들리는 것은 32 내지 3200사이클 사이의 것에 불과하다.

이 사이의 물결은 대체로 같은 속도로 움직이고 공중에선 매초 1100피이트, 수중에선 5000피이트, 금속 내부에선 15000피이트의 속도이다. 그리하여 이 음파의 특징으로써 물질적 매체가 있는 곳이 아니면 전해지지 않는다. 진공 중에선 전해지지 않는 셈이다.

다음에 광파에는 55종의 옥타브가 있고 그 가운데의 1옥타브만이 육안에 보이는데 지나지 않는다.

방사선에 있어서는 무수하다 해도 좋을만큼의 파장이 있지만, 가장 짧은 것이면 몇 천 억분의 1인치라는 게 있고 반대로 가장 길어지면 몇 마일이나 되는 게 있다(1파장이란 하나의 물결의 정상부터 다음 물결의 정상까지를 말한다).

조지·W·크릴 박사는, 인간이란 것은 28조 개의 세포라는 이름의 작은 습전지로 이루어지고 결국 '전기와 화학 반응에 의해 움직이는 기계'라고 말한다. 양성의 가장 강한 것이 뇌세포이며 가장 음성이 강한 것은 간장이라고 한다.

이것이 사실이라고 한다면, 신체 그 자체가 이미 극성(極性)을 띠고 있어 항상 음과 양의 에네르기를 방사하는 것이 되며, 자기요법도 결국 전기와 자기의 자연법칙 응용임을 이해할 수 있다.

동성(同性)이 자칫 서로 반발하고 이성이 늘 '생각하고 생각되는' 까닭도 거기에 있다.

　이러한 자기요법에 관하여 알아두어야 할 일이 두가지 있다. 하나는 인간을 정면부터 수직으로 두 쪽 냈을 경우, 좌쪽이 양이고 우가 음이라는 것, 또하나는 이번엔 옆으로 전후 둘로 벤 경우는 앞이 양, 등이 음이라는 점이다. 따라서 손과 발도 좌측이 양이고 우측이 음이라는 것이 된다.

　몇 년전 우리들이 아직 어릴 무렵에 말굽쇠형(U)을 한 자석이 완구로써 유행된 일이 있었다.

　그때 우리들은 자석의 양끝을 쇠막대로 잇지 않고 버려두면 자성이 없어지고 마는 것을 배웠지만, 실은 인간도 여러 가지 면에서 이와 같은 것을 발견할 수 있다.

　예를 들어 우리들은 곧잘 무심코 두 손을 모으거나 두 다리를 겹치든가 하고 있지만, 이것은 자동적으로 신체의 자성을 순환시키고 무의식 중에 활성 에네르기의 헛된 방사를 막고 있는 것이다.

　이런 활성 에네르기, 곧 생명력은 환경적 변화와 더불어 항상 상하(上下)되고 있다. 원기 발랄하여 무엇을 하건 재미가 있을 때에는 생명력이 왕성함을 의미하고 거꾸로 어딘지 나른하고 얼굴 빛이 나쁘다 싶을 때는 생녕력이 감퇴되고 있음을 의미한다.

　그런 때에는 무언가의 방법으로 생명력을 돋우는 궁리를 해야 한다. 그대로 버려두면 위의 자석과 마찬가지로 완전히 생명력은 고갈되며, 마침내는 세포의 붕괴, 즉 죽음이 찾아온다.

　이런 생명력을 회복하는 방법으로서는 휴식이나 영양을 충분히 취하고 소화 흡수 및 신진대사를 왕성케 하는 것이 첫째이다. 그러나 만일에 그와 같은 여유가 없을만큼 쇠약해져 있을 경우는 생명력이 왕성한 사람으로부터 수혈과 같은 형태로 그 생명 에네르기를 보급받을 수 밖에 방법이 없다. 그러나 이 방법은 어디까지나 과학적이고 자연의 이치와도 맞는다.

그 증거로 전력이 꽤나 소모된 전지를 몇 개 늘어놓고 거기에 새전지를 연결하면 곧 그 볼트가 내려가 금방 전부의 전지가 같은 볼트가 된다. 인간의 경우도 이것과 같다.

더욱이 인간의 경우는 만일 그 치료가가 치유의 법칙에 달통한 사람이라면 환자에게 보급했던 에네르기를 자신에게 스스로가 보급하는 방법을 또한 알고 있으므로, 그때문에 치료가의 건강 상태를 나쁘게 하거나 해를 입거나 하는 일은 거의 없다.

그 보급의 방법에도 여러가지 있겠지만, 우선 치유의 원리 원칙이란 것에 정통할 필요가 있다.

다음에 자기가 사용하고 있는 힘은 무한한 신으로부터 내려 받고 있다는 확고한 신념으로 불탈 것, 그리하여 자기를 통해 받고 있는 그 힘의 일부분은 동시에 자기 자신의 것도 되고 있다는 사실을 알지 않으면 안 된다.

개인적인 체험에 속하는 일이지만, 필자의 경우는 오히려 치료를 베푼 뒤가 시작하기 전보다도 상쾌함을 느끼는 것 같다.

이것은 아마도 필요 이상의 에네르기를 주기 때문에 필자 자신도 십이분의 보급을 받기 때문이라고 생각된다.

이밖에 자기요법 전문의 배후령 원조를 받는 경우가 있지만, 이런 요법으로선 보통 아메리카 인디언이 많은 것 같다.

그리고 이 자기요법에 있어선 환경이 습하면 자기가 강해지는 일이 있고, 특히 초심자인 경우는 그렇지 않아도 필요 이상의 자기를 내보내는 경향이 있으므로, 자칫 손이 끈적끈적하기 쉽다.

너무 손이 끈적거리면 치료를 받는 쪽도 베푸는 본인으로서도 기분이 좋은 것은 아니다.

그래서 필자는 그 처방으로써 손을 자주 씻거나 그것이 귀찮다면 차가운 물속에 담그는 것만이라도 좋으니 반드시 실행하도록 권하고 있다.

물론 이밖에도 갖가지의 처방이 있다. 예를 들어 별로 익숙하지 않은 사람이라면 활석(滑石) 가루를 가까이 준비해 두는 것도 한 방법이리라.

필자 자신은 면도용 로션이나 또는 화장수를 준비해 두고 때때로 두 세방울 뿌린다. 손이 차가운 것이 기분적으로 산뜻하여 좋다.

그런데, 이 자기요법에 있어 가장 중요한 것은 손의 사용법이다. 그렇다고 반드시 신체에 접촉할 필요는 없는 것이지만, 다만 잊어서 안 되는 것은 오른 손이 음성이라는 것, 그러므로 오른손을 사용할 때는 반드시 왼손도 사용하여 양성의 에네르기를 도입할 필요가 있다는 점이다.

그럴 경우 예를 들어 흉부가 나쁜 환자라면, 즉 가슴 위와 등에 손을 동시에 댄다는 식으로 양손이 언제나 반대켠에 오도록 하면 큰 효과를 볼 수 있다.

다짐삼아 여기서 반복해 두지만, 환자의 증상이나 원인을 진단하는 일은 절대로 금지되어 있으므로 이점 거듭 주의해 주기 바란다.

이 점은 법률이 엄하게 말하고 있음은 물론이지만, 특히 의사회가 조금이라도 수상한 자는…하는 기세로 눈을 번뜩이고 있어 조심해야 한다.

그러나 심령 치료가는 특별히 진단하지 않더라도 자동적으로 환부에 손이 가는 것을 알고 있으므로 굳이 법률을 일부러 위반하면서까지 환자의 증상을 이것저것 묻지 않아도 된다.

그렇지만 그 손의 사용법에도 법적 문제가 있다. 앞에서 자기요법 전문의 영으로선 인디언이 많다고 했지만, 이 인디언의 방식이 참으로 거칠어 주먹으로 콱콱 두들기든가 힘껏 비틀든가 때로는 등뼈 지압요법 등으로 신음소리를 내게 만든다.

이러한 방법이 법적으로 마사아지사 혹은 지압요법가로써 인정되는 사람 이외는 금지되고 있음은 말할 것도 없지만, 그것 이외에 실인즉 그런 방법 그 자체에 위험성이 있는 것이다.

현실로 이런 유의 치료를 받아 거꾸로 악화된 사람이 적지 않고, 개중에는 그때문에 평생 불구가 된 사람조차 있을 정도이다.

이때문에 남캘리포니아에선 환자의 손발을 움직이는 것을 일체 금하는 시(市)가 있으며 그곳에선 동시에 이성의 치료도 금지하고 있다.(영국에선 입회인을 필요로 한다-역주)

본서의 첫머리에서도 말했듯이 치료에 즈음해선 반드시 육체에 직접 접촉할 필요는 없다.

왜냐하면 인간의 몸은 달걀 모양의 눈에 보이지 않는 오오라에 의해 싸여 있고 이런 오오라가 육체와 마찬가지로 자기를 전도하는 역할을 하는 것이다. 따라서 오오라 부분에 가볍게 손끝으로 닿는 것으로서 충분하다.

이 방법을 특히 벤 상처나 화상, 진무름, 골절, 극도로 허약한 체질의 환자, 신경성환자, 발육 부진의 어린이나 유아 등에 좋은 효과를 나타내는 것 같다. 가장 알맞은 방법이라고 하겠다.

필자도 한번 쇠약한 환자를 맨손으로 취급하여 피부의 붉은 자국을 남긴 체험이 있다.

이제, 갖가지의 자기요법에 관해 상당히 자세하게 말했지만, 그 까닭은 이 요법이 가장 널리 행해지고 있기 때문이다. 실제 이 요법은 누가 하더라도 어느 정도의 효과는 볼 수 있는 것으로서 연구심과 실천력, 거기에 진지성만 있으면 얼마든지 발전은 가능하다.

다만 마지막으로 한마디 주의해 두지만 이 요법은 어지간히 몸의 컨디션이 좋은 때 이외는 않는 편이 좋다.

왜냐하면 에네르기를 환자에게 주는 것과는 반대로 환자로부터 받는 결과가 될 염려가 있기 때문이다.

이제, 필자는 앞에서 치료에 즈음하여 치료자는 항상 자신감에 넘친 언동으로 시종해야 한다고 말했다.

이는 환자가 시종 긴장을 푼 심정으로 안심하고서 치료를 받기 위해 중요한 일인 것이다. 만일 환자가 그러한 수동적인 심정, 태도가 완전히 되어 있지 않으면 효과는 반감할 염려가 있다.

동시에 치료는 적당한 시간으로 재빨리 끝낼 필요가 있다. 너무 질질 장시간 계속하면, 환자는 오히려 나른함을 느낀다.

하기야 이런 상태는 치료가의 배후령 또는 환자의 배후에 있는 건강 관리령이라고나 할 영혼으로부터의 회정력(回精力)에 의해 회복시킬 수가 있다.

인간의 배후에는 반드시 한사람의 건강 전문의 영이 붙어 있어, 여러모로 신체의 건강을 돌보아 준다.
 그리고 필자는 영적 치병 능력은 많고 적음의 문제는 별도로 하고서 누구에게나 갖추어져 있다고 믿는다.
 물론 백 사람이면 백 사람 위대한 심령 치료가가 된다고는 할 수 없지만, 만일 본인이 상당한 능력을 갖추고 있을 경우에는 손에 때때로 예사롭지 않은 따뜻함을 느끼든가 심할 때는 땀이 내배든가 한다. 또한 팔꿈치로부터 앞이 묘하게 무겁게 느껴지든가 하는 일도 있다.
 동시에 본인이 영적으로 사용되기 쉬운 사람이라면 '고쳐주고 싶다'라는 심정이 자연스레 우러난다. 그런 때는 겁내지말고 실제로 해보고 손이 가는 쪽으로 순순히 움직인다. 어디가 나쁜가, 어떻게 하면 좋은가, 등은 배후령이 알고 있으므로 무슨 방해가 없는 한, 효과를 볼 수 있을 터이다.
 앞에서도 한번 말한 일이지만, 처음인 사람은 자칫 에네르기를 지나치게 내보내어 손이 끈적거리기 쉽기 때문에 그런 때를 위해 활석 가루를 준비해 두면 좋다. 물론 차가운 물로 손을 씻는 것도 좋다.
 이것은 치료중에 받는 악영향을 예방하는 데도 도움이 된다. 하기야 체험을 거듭하는 사이에 때로는 냉수를 준비하지 않더라도 배후령이 적당히 처리하게끔 된다. 필자 자신은 앞서도 말했던 것처럼 면도용의 로션이나 화장수를 사용한다. 향기가 있으므로 기분적으로도 환자에게 좋은 영향을 주는 것 같다.
 이제 다음에 치료가의 일반적 주의사항을 종합하여 조목별로 정리해 보자.
 △질병에는 자기 암시에 의한 것이 의외로 많다.

△따라서 치료할 때는 '느끼기 쉬운 수동적 기분'으로 이끌고 자신감이 넘친 언동으로 시술할 것.

△'고쳐 주고 싶다'는 진지한 심정이 치료자로서의 제1 조건이다.

△환자는 '고쳐 주었으면'하는 심정에서 오는 것이므로 '이것은 낫지 않습니다'등의 말은 절대로 하지 말것. '불치' '가망없다'와 같은 말은 유예 없는 사형선고나 같다.

그만큼 암시의 힘은 강하기도 하며 따라서 위험하기도 하다.

△비록 자기로선 고칠 수 없다 생각되어도 결코 자신이 없음을 언동으로 나타내지 말것. 항상 희망을 갖게 하는 일이 중요하다. 자기로선 고칠 수 없어도 다른 치료가는 고칠 수 있을지도 모른다.

△환자를 늘 밝은 태도로 맞을 것. 농담 등으로 웃기는 것도 아주 좋다.

△환자와 치료자가 자기적, 정신적 및 영적으로 완전히 융합되었을 경우에는 이른바 기적이 일어난다. 이런 세가지 조건이 구비되는 일은 드물기 때문에 기적적 치료도 그리 함부로 일어나는 것은 아니다.

△치료가 충분히 구석까지 미쳤을 때는 마음 속에서 '이것으로 되었다'는 느낌이 든다.

영력(靈力)의 활용

그럼, 드디어 영혼에 의한 치료, 이른바 심령 치료에 관해 설명하겠다. 그렇지만 영적이라 하여도 실은 이 심령 치료만이 꼭 영적인 것은 아니다.

　영적인 요소가 없는 치료라는 것은 공기가 없는 호흡 운동과도 같아 도저히 생각할 수 없는 것이다. 비록 무신론을 주장하는 의사라 하여도 사실은 그 치료에 반드시 영적인 힘이 덧붙여져 있는 것으로서, 그것은 치료의 결과를 보면 곧 알수 있다.

　또한 비록 심령 치료가라고 자칭하는 사람이라도 얼마든지 치료를 할 수 있느냐 하면 결코 그렇지가 않다.

　이것은 엄청난 노력과 희생이 요구되는 것이다. 신약성서 중에도 제자들이 예수에게 '저희들은 힘껏 당신의 말을 지키며 노력해 왔습니다만, 이런저런 일로 마침내 치료를 할 수 없는 환자가 나타났습니다. 이런 때는 대체 어떻게 해야 할까요?'라고 묻자 예수는 이렇게 대답했다고 한다. '그런 일은 기도와 단식을 계속하지 않는 한 할 수 있는 게 아니다.'

　이런 점으로서 생각하여도 알 수 있듯이 완전한 심령 치료는 성실한 마음과 진지한 태도, 더하여 영적 사명에의 헌신적 마음가짐이 구비되지 않는다면 도저히 할 수 없는 것이다.

　참으로 위대한 심령 치료가란 자기에 내재하는 신적 의식에 눈떠 있다. 눈떠 있기에 그런 깨달음의 힘으로 환자마저도 같은 감사의 심정으로 이끌 수가 있고, 그 결과 기적적인 치료가 성취되는 것이다. 이와 같이 기적적인 치유라는 것은 환자와 치료가의 마음이 신의 뜻 속에 융합하여 비로소 생기는 것이다.

　그 완전한 융합과 조화가 있는 곳에는 어떠한 방해물도 들어올 수가 없다. 기적이 일어나는 까닭이다.

　물론 이것은 반드시 영적 요법에만 국한되는 것은 아니다.

다른 치료법이라 하여도 환자의 마음과 의사의 마음이 신의 뜻에 일치되는 경지에 이르면, 그곳에 환하게 기적이 일어날 것이다.

물론 이런 경우는 환자도 의사도 내면에서 그런 영적인 힘이 움직이고 있는 바를 전연 알지 못하리라.

그렇지만 몰라도 좋다. 요는 삼자(三者) 마음의 완전한 융합에 있다. 필자는 여기서 대부분의 치료가 여러분의 노력을 빌어마지 않겠다.

이렇듯 완전한 혹은 순수한 영적 치료라는 것은 문자 그대로 정통으로 들어맞고 더욱이 영구적이지만, 그러나 대개의 경우는 여러가지 요법의 혼용(混用)이고 완전히 쾌유하기 까지는 몇 번의 치료를 해야 하는 게 보통이다.

왜냐하면 그 병인(病因)이 영적인 것이 아니고 비뚤어진 근성이라든가 잘못된 식사, 기타 이것과 비슷한 이를테면 인간적인 요소가 혼합되고 있는 경우가 적지 않은 것이다.

신약성서에 나오는 예수의 말을 주의깊게 볼때, 치료가 끝나면 예수는 환자에게 '너의 죄는 용서되었다. 돌아가서 다시 죄를 짖지말라'고 할 뿐으로서 결코 병이 어떻다고는 말하지 않는다.

생각컨대 이 '죄를 짖지말라'하는 말에는 참으로 깊은 의미가 들어 있는 것 같다. 즉 일반적으로 병이 나거나 화를 내거나 질투하거나 하는 것을 신이 내리는 벌이라고 믿고 있지만 실은 그렇지가 않고 우주에 존재하는 건강과 바른 생활을 위한 자연법칙을 범한 그 당연한 결과임을, 이 말씀은 암암리에 가르치고 있다.

이왕 말이 나왔으니 여기서 잠깐 휴식하고 이 '죄'라는 말의 의미를 함께 좀더 생각해 보기로 하자.
《웹스터대사전》에는 이렇게 씌어져 있다.
〈죄―명사―고의로 저지르는 신(神)법칙의 위반. 도덕 및 종교상의 법 무시. 무절제. 불근신. 무도함〉
다음에 이 어원(語源)을 조사해 보면 원래는 '과녁을 벗어나다'라는 의미였다고 한다. 이만큼 알게 되면 예수의 말씀의 의미를 더욱 잘 알 것만 같은 느낌이 든다. 즉 당신은 이미 바른 길에 돌아왔으니까, 이제부터는 잘못된 일만 하지 않는다면 결코 불행한 일이 일어나지 않는다는 의미로 말한 게 틀림없다.
그러면 다음은 치유 능력을 여하히 늘리느냐 하는 문제이지만, 다른 학문과 마찬가지로 이 길에도 이렇다 할 만한 지름길은 없다.
요는 끊임없는 연구와 실천에 있다. 연구의 결과를 진지하고 착실하게 실행해 나가면 틀림없이 무언가의 진보는 얻어지는 법이다.
지금 필자는 굳이 '진지하게'라고 말했지만, 이런 진지한 기도하는 마음과 통일 수양은 심령 치료에 있어 결여될 수 없는 중대한 의의를 갖는다.
어느 이 방면의 권위자가 '고쳐주고 싶다'는 어쩔 수 없는 충동을 느끼지 않는 한 결코 심령 치료를 해서는 안 된다고 했다고 하지만, 바로 그대로라고 생각된다.
왜냐하면 심령 치료라는 것은 실제에 임하여 그 내부를 살펴보면 참으로 복잡하기 이를 데 없고 결코 일률적인 것은 아니다.
치료를 받으러 오는 환자만 하여도 그야말로 십인십색, 백인

백색의 성질과 병상을 갖고 있으며, 개중에는 조그마한 실수라도 엄청난 위해를 받을만큼 감수성이 강한 환자도 있다. 그런 환자에게 제대로 연구도 수양도 쌓고 있지 않은 치료가가 담당하다 보면 그 위험성은 미루어 알만하리라.

또한 '어쩔 수 없는 충동을 느낀 자'라고 말한 것은 단지 그 진지성만을 평가하여 말하고 있는 것은 아니다.

실은 그와같은 충동을 느낄 만큼의 인간 배후에는 상당히 유능한 치료 전문의 영혼이 있을 게 틀림없는 것이다.

그런데 인지 상정으로 치료 결과를 친척이거나 타인에게 들려주고 싶다고 생각하는 법이다. 그러나 인간은 또하나 묘한 약점이 있어, 자기의 장기(長技)를 마음속에 넣어두고 있던 중엔 진지했었는데, 자랑하고픈 심정에서 그만 그것을 입밖에 내었기 때문에 행인지 불행인지 곧 세상의 인기 대상이 되고, 그런 인기에 현혹되면 오히려 나중에 원수가 되기 쉬운 법이다. 그점 예수는 위대했다고 생각된다.

예수는 당신이 고친 환자에게 '돌아가서 타인에게 말하지 말라'고 되풀이 하여 주의하고 있다. 명예나 명성을 초탈하고 자기가 하는 일의 성과에 은밀한 기쁨을 느끼는 겸허하고 수수한 치료가는, 착착 영계에 보물을 축적하고 임기 응변으로 그 힘을 이용한다. 그러한 치료가야말로 예수의 '오른손이 하는 것을 왼손에 알리지 말라'는 가르침을 충실히 지키는 사람이라고 하리라.

이제, 치료 효과를 올리는 수단에도 갖가지가 있을 테지만, 그중에서도 꼭 권하고 싶은 방법은 환자를 환자로써 바꾸어 말하면 어딘가에 환부를 가진 불완전한 인간으로써 다루지 말고, 항상 하나의 완전한 신의 창조물로써 즉 육체적, 정신적, 영적으로 완전한 인간으로써 다루게끔 힘쓰는 일이다. '이 환자는 어디 어디가 나쁘다'고 하는 관념은 결코 갖지 않는 편이 좋다.

왜냐하면 그와 같은 관념이 사실이 되어 구현(具現)되고 나쁜 것을 더한층 나쁘게 하는 가능성이 충분히 있을 수 있기 때문이다.

신의 힘은 무한하다. 어디가 어찌고 저찌고 하며 일일이 치료가로부터 가르쳐지지 않더라도 배후령으로선 다 알고 있는 것이므로, 치료가는 늘 완전한 인간을 상상하면서 오로지 치료에 전념하고 있으면 족한 것이다.

환부를 의식하든가 입밖에 내어서 안 되는 이유는 이밖에도 있다.

우선 첫째로 증상을 진찰하는 일은 법적으로 금지된다.

둘째로 인간은 무언가의 견해를 듣게 되면 그것을 곧 실재시하는 경향이 있고, 환자가 자기의 증상을 들으면 금방 '그런가, 나의 몸은 어디 어디가 나쁘구나'하는 느낌을 굳게 가지며 그것이 치료에 장해가 되는 일이 흔히 있기 때문이다.

뛰어난 의사는, 이를테면 암의 치료에 임하면 그것을 되풀이하여 꼼꼼히 테스트 한 뒤가 아니면 결코 암이라고 하지 않는다.

치료가가 단지 자기 명성만을 위해 시술하고 있다면, 물론 증상을 되도록 광대하게 말하는 편이 선전 효과가 있어 편리하리라. 그러나 그런 물욕(物欲)에 얽매인 인간은 아마도 신쪽에서 바라지 않을 것이고 그래서 돕지도 않을 것이다.

효과를 올리는 또하나의 방법은 환자와 치료가와의 사이에 상념(想念)을 보내기 위한 정신적 파이프를 만드는 일이다.

이것은 오랜 수양이 필요하지만 한번 성공하면 그 치유력이 집중되어 효과적이다.

그리고 영적 치료의 경우에 반드시 환자는 치료가의 눈앞에 있지 않아도 된다. 원격(遠隔)적으로 치료를 할 수 있다는 것인데, 그럴 경우 가능하다면 환자는 그 시간에 수동적 심정이 되어 있는 일이 바람직하다.

그러나 치유력이라 하는 것은 그때 즉 치유력이 방사된 순간에 받아들이지 않으면 안 된다는 것은 아니다. 수면중이라든가 한낮에 때마침 평안한 심정이 되었을 때 등 임기 응변으로 작용해 주는 것이다.

또 한가지 소개해 두자. 이는 몇 년인가 전의 일로서 필자가 공개 치료를 했을 때의 일이지만, 그때 배후령이 정신 통일을 통해 눈앞에다 한여름의 아지랭이 같은 소용돌이를 만들라고 지시되었다. 그래서 곧 정신통일을 하고 처음에 작은 소용돌이를 만들고 그것을 차츰 크게 또 강력한 것으로 완성시켰던 것인데, 이것에 의해 모든 대중이 균일하게 그 치유력을 받을 수가 있었다.

물론 자기의 힘만으로서도 움직이지 못하는 것은 아니지만 대개는 배후령과의 공동 작업이다.

치병 관계의 배후령으론 생전에 의사였던 자도 있고 선천적으로 치병 능력을 구비한 치료가였던 자도 있다.

후자로선 북미 인디언이 매우 많다. 그러한 사람들이 영계에서 치병 에네르기를 영매를 통해 인간에게 비추어 주는 방법을 실천하고 있다.

나의 생각으로선 그런 에네르기가 어딘가에 숨겨져 있다 하는 것은 결코 아니고 이용하고자 생각하면 누구라도 이용할 수 있는 성질의 것이라고 생각된다.

다만 그것을 활용하는 것은 요령 문제라고 생각되는 것이다.

확실히 예수 그리스도도 그러한 박애적 뜻을 말했다고 기억된다. 즉 예수 자신이 보인 기적적 치료는 우리들 보통의 인간으로도 할 수 있고 또한 스스로가 자기를, 그리고 타인도 고쳐야 한다는 것을 민중에게 가르쳤던 것이다. 다만 재미있는 것은 자기 자신을 고치기보다 타인을 고치는 쪽이 훨씬 용이한 것이다.

이것은 치병 에네르기라는 것이 일단 인체를 통과하고서 다른 인체로 들어가는 것이며, 따라서 누군가 타인이 그런 에네르기를 보내주지 않는 한 치료가 자신에게 머물러 있을 수 없는 성질을 갖고 있음을 시사한다.

그 설명은 꽤나 어렵고 또한 예외가 있음을 알고 있지만, 그것이 일반적 통칙인 것만은 확실하다. 알기쉽게 말하면 의사가 자기를 고칠 수 없는 것과 마찬가지다.

내 자신에겐 일찍이 노오드·스타라는 사배령이 붙어 있던 일이 있고, 몇 번인가 기적적인 치료를 보여준 일이 있다. 피터에도 어느 정도의 치병 능력이 있을 뿐 본래가 영계의 통신령 전달역이 전문이고 거의 그것에 매달려 있으므로 치료할 여유가 없다.

상당히 오래 전의 얘기이지만 내가 프로로써 영언·영매를 시작하기 전에 런던 서부의 의사와 협력하여 주로 말더듬이, 환각증, 노이로제와 같은 신경성 병치료에 종사한 일이 있었다.

그때의 요법은 확실히 '이식(移植)암시법'이라고 했던 걸로 기억된다. 의사의 설명하는 바에 의하면 먼저 내가 입신상태에 들어간다.(나는 반드시 스스로 입신한다. 타인에게 도입된 적이 없다.) 그러면 예의 의사가 나를 향해 환자의 병상을 설명하고 환자의 잠재의식으로부터 그 병의 원인을 제거하라고 명한다.

적어도 의사는 그와같은 설명을 하는 것인데, 피터는 그것은 사실과 틀리다고 주장한다. 그러나 의사는 피터라는 인격의 존재를 믿으려 하지 않는다.

무시된 피터는 기분이 나쁘므로, 자기가 어엿한 인격의 소유자임을 인정시키려고 의사에게 무언가 수작을 붙인다. 그러나 의사쪽은 '안돼, 안돼, 당신은 일개의 인격이 아냐. 한낱 잠재의식이다'고 하여 상대하려 하지 않는다.

피터는 당시 아직도 이 일의 경험도 얕았던 탓도 있어 잠재의식이라는 말의 의미가 이해되지 않아 '피터는 잠재 의식 따위가 아니에요. 피터는 인간입니다'고 반박하는 것이었다.

두사람은 자주 같은 입씨름을 되풀이 했고, 곁에서 보니 진저리가 났지만 본인들 두사람은 싫증도 없이 반박하고 있었다.

피터는 자주 그 의사의 타계한 친척 또는 벗으로부터의 통신을 중계해 주는 것이었으나, 의사는 그것을 언제나 잠재의식으로 돌리고 상대를 않는다. 그런 일로부터 피터는 잠재의식이란 곧 일종의 엉터리를 의미하는 말이라고 해석하여 그뒤 얼마 동안은 자기 마음에 들지않는 사람을 가리켜 '이사람은 잠재의식입니다'라고 말했다.

그러나 이윽고 피터는 잠재 의식으로선 해결되지 않는 증거를 의사에게 들이대고, 자 어떻습니까 하며 육박했으므로 고집 있는 의사도 두 손 들므로 피터는 개성을 갖는 인간임을 인정 받게 되었다.

피터는 의사의 사과를 자못 조용하게 받아들이고 있었는데 그때까지 의사의 끈질긴 완고함을 생각할 때, 피터는 속으로 매우 자랑스러웠을 게 틀림없다.

이상은 본론에서 볼 때 여담이 되지만, 정신적 요법과 영적 요법의 차이를 보이는 좋은 예이다 싶어 소개했던 것이다.

위에서 나온 의사의 방식은 정신적 요법으로서, 나는 언제나 나중에 심한 피로감에 사로잡혔다.

너무나 심함으로 입신 현상이 나오게끔 되고서는 이것을 곧 그만 두었다.

노오드·스타와의 공동 작업은 순수한 심령치료이고, 이때는 별로 피로를 느끼지 않았다. 중단하고 있는 것은 피터에 의한 영언(靈言)의 일이 바쁘기 때문이다.

생각컨데 위의 의사의 정신요법일 때에도 의사 자신은 영계의 의사나 배후령의 원조를 많이 받고 있었을 터이고 다만 본인이 그것을 깨닫지 못하고 또한 믿으려 하지 않았을 뿐의 일이었다.

내가 극도로 피로를 느꼈던 것은 그런 영과의 의식적인 협조 관계와 이해의 결여에 원인이 있었던 게 아닌가 생각된다.

심령적인 법칙을 통한 치료가라도 피로하지 않는 일은 없다. 어느 정도는 누구라도 피로하기 마련이지만, 영과의 협조 관계가 되어 있는 치료가의 경우는 곧 소모한 만큼의 것을 보충받는 것이다.

그 회복의 속도는 참으로 대단하다. 예의 '이식 암시요법'

을 할 때는 그것이 없고 심한 피로감이 남아 있었다.

심령 치료가의 알아 둘 일

천성적으로 치병 능력을 갖고 있는 사람은 매우 많다. 그러나 그것에 의해 사람을 고치든가 죽이든가는 그 양성법과 치료법에 달려 있다.

이를 그릇치지 않기 위해 심령 치료에 관한 기본적인 법칙을 잘 이해하는 일이 무엇보다 중요하다.

경험있는 심령 치료가라도 초심자를 지도하는 데에는 그점을 별로 고려않는 모양인데 그러나 실제의 치료에 즈음해서는 기본이 가장 중요한 것이다.

오늘날에는 영국에 수많은 심령치료 센터가 있고, 치료가의 양성 시설도 또한 많이 생기고 있다.

열성인 사람이 '지도자가 없다, 시설이 없다'고 아쉬워 하는 일이 없어졌다. 런던에는 훌륭한 양성소가 있고 지방에 가도 의욕만 있으면 어떤 사람이라도 입회할 수 있는 곳이 각처에 있다.

이제, 치료를 위한 기본적 주의사항을 종합할 단계가 되었는데, 이것에는 먼저 나의 체험담이 참고가 되리라 여겨지므로 그것을 소개하겠다.

지난날, 나의 치료전문 사배령인 노오드·스타가 나를 이용하여 치료에 들어갈 때에는, 자기보다 고급인 신령을 향해 반드시 기도하고 있는 것 같았다.

특별히 말로 나타내는 것은 아니지만 두 손을 높이 쳐들고 무언가를 양손에 주입받고 있는 듯 했다.

  자세는 선 채이지만 그 태도는 명백히 기도의 분위기를 느끼게 만들었다. 그렇게 하기를 1~2분. 그리고 치료에 들어가는 것이다.

  질환이 국부적일 경우 그 환부의 진단은 참으로 정확했고 먼저 그 환부의 위 언저리의 공기를 기묘한 손놀림으로 주물러 훑고나서 환부를 가볍게 만진다.

  그 접촉법은 참으로 부드럽고 일찌기 한번도 고통을 호소한 적이 없다. 시이트에 스쳤을 때 아픈 사람도 노오드·스타가 만졌을 때에는 전혀 아픔을 호소하지 않았을 정도이다.

  그래서 제1의 기본은 평소부터 사배령과 영적 연락을 긴밀히 하고 사배령이 당신에게 옮겨붙었다면 즉각으로 진단을 내려 환부를 지적할 수 있게 되어야 한다.

  질환이 신경성의 것이라면 사배령은 등뼈·뒷머리·머리를 치료하는게 통례이다. 노오드 스타의 경우는 먼저 국부를 치료하고 그리고서 어깨·팔꿈치·손가락끝, 무릎의 순으로 문지르고 끝으로 머리 꼭대기부터 발끝까지, 흡사 신체 전체를 대청소 하듯이 문질러 내린다.

  그 움직임은 때로는 힘찬 일이 있지만, 손이 닿는 느낌은 극히 가볍고 섬세하다.

  지금의 노오드 스타는 어떤 남성 치료가―프로는 아니지만 원격 치료를 잘 하는 사람―를 통해 효능을 발휘하고 있다.

  다음으로 잊어선 안 될 기본적인 유의 사항은 두가지다. 하나는 한번에 장시간의 치료를 않는 일이다. 또하나는 잡담하면서 치료를 하지 않는 것으로, 이것을 어기면 정신이 흩어져 환자에게 역효과가 나타나는 일이 있다.

하기야 이것은 통상 의식인 채로 치료하는 사람의 경우로서 입신 상태로 치료하는 사람으로선 관계 없다. 완전히 입신하는 치료가는 비교적 적다. 치료하면서의 지껄임이 얼마나 치료를 방해하는가를 실제 예를 들어 소개해 보자.

나의 친구로 뛰어난 치병 능력을 가진 사람(B부인이라고 부르겠다)이 있고, 나도 한 두번 치료를 받아 그 능력에 감탄하고 때때로 다른 사람에게 소개하는 일이 있었다.

어느날 B부인과 함께 친구를 찾은 일이 있었다. 그 사람과 B부인과는 한 두번 만난 일이 있을 정도로서 별로 잘 아는 사이는 아니다.

방문해 보았더니 그 친구는 때마침 심한 두통에 시달리고 있었다. B부인은 곧 치료해 드리겠다고 했으며 친구는 심령 치료를 믿고 있었으므로 기꺼이 부탁했다.

그런데 치료를 시작한 것까지는 좋지만, B부인은 치료하면서 한시도 입을 쉬지 않고 놀려대는 것이었다. 이야기는 친구에게 있어 별로 재미도 없는 세상 이야기였다.

10분쯤 지났을 무렵 나는 보다못해 B부인에게 '이야기는 나중에 하고 치료에 전념하시는게…'라고 주의를 일깨워 드렸지만, B부인은 도무지 들은 척도 않했다.

보기에는 확실히 손이 연신 움직이고 치료하고는 있는 것이지만 치료 받는 쪽은 어지간히 질력이 나 있는 모습이 역력했다.

이윽고 참을 수 없게 되었는지 적당한 구실을 만들어 침실로 도망치고 말았다. 나중에 들어보니까 치료를 받아 오히려 몸이 녹초가 되고 두통이 더욱 심해져 그날밤은 끝내 잠을 이루지 못하고 이튿날은 하루종일 우울했다고 한다.
  그리고 수주일 후에 또 B부인이 찾아왔다. 그리고 나에게 피로의 기색이 있으니 치료해 주겠다고 말했다. 나는 곧 응했다. 왜냐하면 전번의 친구의 일이 생각나 한번 시험해 보리라 생각했던 것이다.
  B부인은 곧 걸터앉아 여느 때처럼 손을 움직이기 시작했다. 그것은 참으로 기분좋은 것으로서 확실히 신체가 편해졌다.
  그런데 수분이나 지났을 무렵 B부인은 별안간 치료와 전혀 관계없는 세상 이야기를 시작했다.
  처음에는 나도 신경 쓰지 않고 되도록 수동적이 되어 부인의 치유력을 흡수하고자 힘썼지만, 그것도 소용없고 곧 신경이 묘하게 흥분되기 시작했다. 나는 아무리 하여도 조용히 앉아 있을 수가 없었다. 신경이 따끔따끔 하는 것이다.
  마침내 견딜 수 없어 '고마워요, 이제 됐어요.'하고 중지했지만 결국은 치료 전보다 오히려 기분이 나빠지고 말았다.
  나중에 피터가 이렇게 설명해 주었다. 통상 의식으로 치료할 경우는 치료가는 사배령에 협조하면서 정신을 환자에게 집중하는 일이 중요하고 치료할 때, 잡담은 치유력을 낭비하게 된다고.
  실제 이점은 심령 치료뿐 아니라 교령회에 있어도 그러하고, 심령에 특히 관계가 없어도 창조적인 일에 대해선 모두 할 수 있는 말로서 나도 몇 번 배후령으로부터 주의를 받았는지 모른다.
  생각컨대 수다나 잡담은 에네르기를 낭비하는 행위라고 말할 수 있지 않을까? 일종의 발산이다. 따라서 경우에 따라선 기분 전환으로서의 의미를 갖는 일도 있고 친구끼리도 이런저런 의견이나 계획을 주고 받는 것은 좋은 의미로서의 자극제가 되지만, 무언가 어떤 하나의 일에 전념하고 있을 때 관계없는 이야기를 하는 것은 금물이다.

    나는 교령회에 앞서 절대로 쓸데없는 말을 하지 않고 다른 사람 이야기도 사정이 허락하는 한 귀를 기울이지 않기로 하고 있다.

    내가 알고 있는 동업자 중엔 소란스런 분위기 쪽이 사는 보람을 느끼고 심령 치료도 좋은 결과가 된다고 하는 사람이 두 세명 있다.

    그것은 거짓말은 아니라고 생각된다. 그렇지만 그 사람에게 도움되었다 하더라도 교령회의 참석자가 그뒤 매우 불쾌한 느낌을 받았다면 그뒤의 교령회 방법을 바꾸지 않을 수 없을 것이다.

제14장 예지현상의 원리

만일에 인간 모두가 내일의 일에 조심하지 않고 오늘 하루의 생활에 만족하면서 하고 싶은대로 할 수 있다면, 인생은 비교적 즐거울 것이고 그리 어렵게 생각할 만큼의 고통도 없을지 모른다.

인간은 내일을 조심함으로서 조금이라도 행복을 늘릴 수 있는 것은 아니다. 오히려 심신을 소모시키고 결국은 오늘 해야 할 일도 착수하지 못하고서 끝나고 말게 된다.

예수 그리스도는 아니지만, 그런 내일을 예지(미리 앎)하는 능력을 가진 사람이 있는 것 같다. 이른바 예언이다. 생각컨대 만일 이런 예지 현상이 진실이라고 하면 이른바 영계 통신이란 모두 산 자와 산 자 사이의 텔레파시로서 죽은 자와는 관계 없다, 하는 설에의 유력한 반증이 된다.

왜냐하면 인간끼리의 텔레파시라고 하면 뇌와 뇌의 관계가 되어 3차원의 영역을 벗어나지 못하지만, 예지 현상은 명백히 시간과 공간을 초월하고 있기 때문이다.

역사를 보아도 옛날부터 설마이다 싶은 예언이 멋들어지게 적중한 예는 수없이 존재한다.

실은 내 자신에도 몇번인가 그런 체험이 있다.

앞에서 내가 '내일의 일을 예지하는 능력을 가진 사람이 있는 것 같다'고 애매한 표현을 한 것은, 일반 사람이 그 정도로 밖에 생각지 않음을 염두에 두고 있기 때문으로서 실제는 미래의 사건 예고쯤은 영계인으로서 아무것도 아닌 일이다.

그것에는 내자신의 체험도 있고 동시에 영계측으로 부터의 설명이 있다. 그것을 소개하겠다.

애당초 지상의 일이라는 것은 고급 신령계에서 계획되고 그 계획에 의거하여 인류의 수호 와 지도를 맡은 영이 파견된 결과이다.

파견된 영은 그 계획의 추진에 있어 가장 알맞은 영능자를 찾거나 혹은 양성한다. 그리하여 각각의 허용된 범위내에서 지식을 수여하든가 병을 고치든가 하는 심령 활동을 행한다.

어떤 영은 미래에 관한 사항만을 취급하도록 지시되고, 또 그 방면에 재능이 있는 영을 사배령으로 가진 영능자는 예언자로서 받아들여진다. 그러나 과거의 일에는 서투르다.

한편 과거의 일을 탐지하는 것이 능숙한 영이 있고 그런 영을 배후에 갖고 있는 영능자는, 과거의 일은 정확히 알아 맞추지만 미래의 일은 전혀 알수가 없다.

일찌기 내가 잉글랜드 서부의 어떤 영매를 찾아갔을 때, 부모나 친구로부터 무언가 통신이 있을까 기대했던 것인데 1시간 가까이 지나도 도무지 그런 낌새가 없다.

그러다가 당시의 나로선 상상도 못할 어떤 중대한 예언이 나왔다. 설마라고 생각했는데 그로부터 서너 달 뒤에 그것이 현실로 되었다.

사건에 관련이 있는 인물, 그것도 그때까지 내가 전혀 모르는 사람까지 예언대로였었다.

피터에 의하면 그 사건은 피터는 미리 알고 있었다. 왜냐하면 모든것이 영계에서 꾸며진 계획의 일부이고 그것이 나의 일과 관련되어 있었기 때문이라고 한다.

그리하여 사실은 그 사건을 나에게 미리 알려준 것에는 별로 의미가 없고 몰라도 좋았던 것인데, 지금 말한 것처럼 영매를 통해 누구로 부터의 통신도 나오지 않으므로 피터가 시간과 에네르기를 주체하지 못하고 알릴 생각이 들었다고 한다.

실인즉 그 영매는 자기가 미래에 관한 정보를 타계한 인간으로부터 얻고 있음을 깨닫고 있지 않았다. 인명도 지명도 말하지 않고 다만 '이러이러한 것이 보입니다―혹은 들립니다'고 할 정도의 것을 말할 뿐이었다.

그래서 내가 실험이 시작된지 얼마 안 된 때였지만, '정말 고마와요, 사정은 잘 알았는데 누군가 내 옆에 타계한 사람이 보이지 않습니까? 나에게 통신하고 싶어하는 벗이라도 없습니까'하고 물어 보았다.

그랬더니 영매는 조금 사이를 두고서 돌연 긴장한 태도로 '아득한 저편의 새더 계곡에 남자와 여자의 모습이 보입니다, 누군지 아십니까?'하고 띄엄띄엄 말했다.

알 까닭이 없는 것인데 나의 대답을 기다리는 눈치이므로 '잘 모릅니다, 좀더 자세히 말씀해 주세요'라고 말했다.

그러나 이미 그것 이상의 것은 나오지 않았다. 나의 관찰로선 이 영매는 확실히 '이 세상의 일'에 관해선 정확하지만 영계의 일은 모르는 모양이다. 그러므로 '새더 계곡에'라고 한 곳에서 막히고 말았다. 배후령으로 부터 훈련이 되어 있지 않았던 것이다.

나에게 있어 가장 인상적인 예언―나의 생애 곧 영매로서의 일을 결정지은 예언을 받은 것은 1906년이었다.

그 무렵은 어머니가 심령에 반대하고 심령에 관계되는 것은 모두 인간이든 책이든 행사이든 싫어했는데 교령회에 부지런히 나가고 있었다.

애당초 가수가 되는 게 희망이었지만 그 무렵은 이미 목소리 쪽이 프로로써 통용되지 않게 되어 있었다.

그럼에도 때때로 스피리튜얼리스트 교회에서 일요일 등에 노래하는 일은 있었다.

그러던 어느날 친구로부터 어린이를 위한 교령 집회에서 노래를 해 달라는 의뢰를 받았고 교회까지 안내할테니 일요일 오후 자택까지 와달라는 것이었다.

그 자택에는 친구 외에 부인이 한사람 있었는데 양친은 이미 타계하고 없었다.

그 나이 지긋한 부인이 영능자로서 그날도 어린이회를 지도하고 또한 그날 밤의 교령회에서 영시 능력을 시험하기로 되어 있었다.

친구집을 방문하자 곧 응접실로 안내되었다. 친구가 방을 나가자 엇바꾸어 그 연배의 부인—이름은 잊었으므로 A부인이라고 하자—이 들어와서 오른손을 내밀며 '어서 오세요'라고 하며 나에게 다가왔다.

나도 손을 내밀고 악수를 했다. 면회는 이것이 최초이다. 내가 인사의 말을 하려고 하자,

'아무 말도 말아요! 방해하지 않도록. 지금 당신의 배후령이 나와 있습니다. 무언가 중대한 이야기가 있다나 봐요'라고 한다.

당시의 나는 아직 자기의 배후령에 관해 별로 알지를 못했

다. 적어도 중요한 사명을 가진 배후령이 붙어 있음을 전혀 몰랐었다.

A부인은 나의 손을 잡은 채 눈을 감고 말하기 시작했다. 이미 반쯤, 아니 거의 완전히 입신하고 있었던 모양인데 그 내용은 이러했다.

나의 배후령이 중요한 심령의 일을 위해 이제부터 나에게 특별 훈련을 시킬 준비를 하고 있다. 그러나 지금 놓여져 있는 환경은 뜻대로 되지 않는다.

이윽고 사정이 크게 변화되고 동시에 나에게 있어 알맞은 '반려'와 만날 기회가 도래한다. 그때부터 심령의 일에 본격적으로 들어갈 수 있게 된다는 것이었다.

동시에 나는 심령을 썩 좋아하기는 했지만 자기 자신으로 무언가 해보리라고 진지하게 생각한 적은 없었다. 그것보다도 무대에서 노래하는 쪽이 매력적이었다.

하지만 당시는 나도 한창 처녀시절. 멋진 '반려'와 만날 수 있다는 말을 듣고서 가슴이 두근거렸다. 재빨리 나는 물었다.

"부탁이에요. 배후령이 만나게 해주시는 남자란 어떤 사람입니까? 할 수만 있다면 가르쳐 주세요."

"좋아요. 뚜렷이 보이고 있어요".

그렇게 말하고 소개해 준 남성은 그야말로 꿈도 희망도 없는 허수아비 같은 존재였다.

"나이 또래는 65세. 흰수염을 기르고 두발 양켠은 흰머리. 갈고리 코에다 6척 장신. 홀쭉한 것이 모피로 굽도리를 한 빨간 바지를 입고 있습니다. 에나멜 가죽처럼 번쩍거리는 모자를 쓰고 있습니다. 그 한쪽에 깃털을 달고 있지요".

이것이 나의 남자!? 처녀 마음에 품은 꿈은 무참히도 분쇄되고 말았다. 더욱이 그 남자는 1년 이내에 만날 수 있게 된다고 했다. 그리하여 그 남자야말로 나의 심령 일에 있어 둘도 없는 중요한 인물이라고 했다.

그리고 수개월간 나는 그 예언이 마음에 걸리고 언제 그런 남자가 나타날 것인가 하며 주의하고 있었지만, 완전히 잊고 있는 일도 있었다.

10개월이 지났을 무렵 나는 우연한 일로 어떤 극단에 참가했다. 동화에 나오는 유럽을 무대로 한 멋진 무용담을 레파토리로 하는 극단이다.

그 극단에 들어간 것은 특별히 전부터 들어가고 싶다며 바랐기 때문은 아니다. 극단이라면 좀더 나은 곳이 얼마든지 있다.

그러나 웬지 그 무용담을 해보고 싶은 충동에 사로 잡혔던 것이다.

그런데 들어가서 얼마 안 되어 단원인 한 소녀와 친해졌다. 그리하여 갖가지로 속을 털어놓는 사이에 내 쪽에서 영매가 예언한 연배의 남자 이야기를 꺼냈고 아직 만나지는 않았지만 될 수 있다면 만나고 싶지 않다고 하자, 그 소녀는 이 극단에 그런 풍체의 남자는 없다고 한다. 그말을 듣고 나는 안심이 되었다.

드디어 공연 첫날이 다가왔다. 그러나 앞서의 흥행지에서 보낸 의상이 아직 도착하지 않았으므로 의상의 리허설은 할 수가 없었다.

부득이 첫날은 있는 의상으로 하지 않을 수 없게 되고 이상한 분장으로 연극을 했다.

그것이야 어쨌든 내가 최초의 역을 무사히 끝내고 무대의 옆으로 물러나서 그곳에서 연극을 계속 보고 있을 때였다. 그곳에 영매가 예언한 대로의 분장을 한 남자가 나타났던 것이다.

홍색의 바지, 블루의 코트, 모피의 굽도리, 흰턱수염, 검은 모자, 깃털 장식, 나이는 65세쯤. 무엇이고 모두 예언대로이다 (실은 연극중의 관리 분장이었던 것이다).

깜짝 놀란 나는 분장실로 뛰어 들어가서 여자 아이에게,

'나왔어, 그 사람이 나왔어!'

하고 소리높이 외쳤다. 그리하여 그 남자는 다름아닌 극단 중에서도 특별히 까다로워 두사람이 가장 싫어하는 단원임을 확인했다. 그러자 여자 아이도 놀랐지만,

'좋아, 염려하지마. 어떻게든지 그 남자의 목을 자를 계략을 생각합시다.'

고 진지한 얼굴로 말하는 것이었다.

그러나 계략을 생각하기는 커녕 두사람은 차츰, 그리고 극히 자연스럽게 그 남자와 친해졌고 어느 틈엔가 1년 전에 영매가 예언한 대로의 상태가 되고 말았다.

이 예는 지상의 일들이 영계의 계획에 의해 움직여지고 있음을 증명하는 것이다. 위의 경우 그런 계획을 영매가 사전에 알아 차렸거나 아니면 사배령이 가르쳤거나 했으리라.

어느 쪽인가는 나로서는 단정할 수 없고, 또한 이 경우 그것은 중대한 문제는 아니다.

중요한 것은 예언이니 예고니 하고 일컬어지는 것의 대부분이 이미 예정되고 있음을, 영매의 배후령 또는 타계한 육친이나 친지에게서 가르쳐지고 있다는데 지나지 않는다는 점이다.

하기야 예언이 빗나가든가 틀리든가 하는 일이 때때로 있지만, 그 중에는 명백히 인간측이 쓸데없는 짓을 하여 계획이 망쳐지고 말았다는 일도 있을 수 있다. 그러나 예언이 빗나가는 케이스는 극히 적다.

맞는 확률 쪽이 놀랄만큼 높은 것은 확실하다. 또 한가지 예를 들어보자.

루이즈 오웬이라 하면 알고 있는 분도 많으리라 생각되지만, 예지 능력의 정확함으로선 정평있는 여성 영매자이다.

1924년의 겨울 일인데, 자동 서기로서 유명한 벨 오웬씨(루이즈 오웬과는 무관계)의 부인이 나에게 바닷가의 집이 비었으므로 빌려 주어도 좋은데 어떠냐고 편지로 물어 왔다. 그무렵 루이즈 오웬 여사가 찾아 왔다.

나는 그 집 이야기는 않고 다만 머잖아 기분 전환으로 이러이러한 곳에 갔다 올 작정이라고 말하자, 여사 자기도 그 근처에 별장을 갖고 있어 피서를 가는 일이 있다고 했다.

여러가지로 이야기를 한 뒤 돌아가기 조금 전이 되어 여사는 이렇게 말하는 것이었다.

"당신은 기분 전환으로 잠깐 갔다 올 뿐이라고 하시지만, 나의 인상으로선 당신은 그 근처에 집을 마련하고 사실 것 같아요. 그곳은 주인 어른의 건강에도 좋을 것이고 배후령이 잘 주선해 주실 거예요. 내 눈에는 당신이 그곳에 살고 있는 모습이 뚜렷이 보이고 있지요".

당시의 내 사정으로 볼때 그런 해변으로 이사간다는 일은 생각도 못할 일로서, 그 가능성을 말할 기분도 나지 않았다.

그리고 3년 남짓 지났을 무렵의 일이다. 남편의 건강 관계로 해변에 별장을 지을 생각이 구체화 되었다. 왜냐하면 전지요양을 한다 하여도 호텔이나 하숙으론 비싸게 먹히고 식사 요법도 할 수 없었다. 집을 사려고 하여도 이쪽에 그런 생각이 있을 때 팔 집이 있다고 할 수도 없다.

이리하여 3년 전의 오웬 여사의 예언을 한번도 생각해 내지 못한 채 어느 틈엔가 여사의 예언대로 별장을 세울 계획을 세우고 있었던 것이다. 그리하여 드디어 결심을 했을 때 여사의 예언이 생각났던 것이다. 일은 모두 순조롭게 진행되었다.

설계는 내 자신이 하였다. 그리하여 아마츄어이긴 하지만 프로를 뺨치는 건축가인 아버지가 나의 아마츄어식 설계를 웃지도 않고 건축을 맡아준 것은 다행이었다.

실제 아버지는 꽤나 잘 된 것이라고 하며 나의 설계를 칭찬해 주었다. 그리하여 드디어 건축에 착수할 무렵, 《영능 개발》의 저자인 헬렌·마그레거 여사가 나를 교령회에 초대해 주셨다.

여사의 사배령은 폴리안나라는 쾌활한 여자 아이였다. 여사는 물론 나의 해변 별장 이야기는 모를 터이었으나 교령회가 시작되자 폴리안나가 돌연 내가 설계한 집 이야기를 꺼냈고, 그것을 세부적으로 설명했다.

그것은 남김없이 맞고 있었는데 단 한가지 나로선 모르는 일이 포함돼 있었다. 폴리안나는 이런 말을 하는 것이었다.

"아줌마(폴리안나는 연령과는 상관없이 상대를 이렇게 부른다), 집 옆에 내밀고 있는 유리로 된 커다란 것은 무엇이죠?"

"열리는 창문이잖아? 물론 밖으로 열리게끔 되어 있지요." 라고 내가 말하자,

"창문이 아니에요. 집의 일부로서 유리를 많이 사용하고

지붕도 제대로 있는 거예요".

 나는 무언가 잘못 알은 것이겠죠 라고 말했다. 왜냐하면 경비를 절약하기 위해 불필요한 것은 붙이지 않고 정방형으로 설계했다 싶었기 때문이다.

 창문도 돌출하지 않도록 했다. 이것도 경비 절약을 위해서였고 아버지도 그것을 양해해 주었다.

 물론 돈에 구애를 받지 않고 좀더 예술적으로 하고 싶은 것은 굴뚝같았지만.

 그러나 폴리안나는 틀림없다고 한다. 나는 화제를 바꾸어 다른 이야기를 했지만, 그 이야기의 도중에 몇 번이고 혼잣말처럼,

 '역시 돌출한 것이 있어요! 있어, 있어. 틀림없어요!'
라고 외치듯이 말하는 것이었다.

 그리고 석 달인가 지나고 아담한 별장은 거의 완성이 가까왔다. 남은 곳은 두세곳의 잔 손질과 페인트 칠 정도이고 우리들 부부는 어느 날 아침 그 집을 보러 가서 아버지를 만나게 되었다.

 완성 직전의 내 집에 와 보고서 우리들 부부는 그 훌륭한 모습에 만족했다. 그러다가 문득 깨닫고 보니 남편이 아버지와 무언가 이야기를 했다. 그리하여 연신 집의 옆쪽을 가리킨다.

 무슨 이야기일까 생각하고 있으려니까 아버지가 자를 갖고서 칫수를 재기 시작했다. 나는 다가가서 무슨 이야기냐고 물었다.

 설명해 준 이야기를 정리하면 요컨대 정면 현관의 도어를 열면 강한 북동풍이 불어와 겨울엔 정문으로부터의 출입을 할 수 없게 된다. 그러니까 다른 쪽에 포오치(현관 앞에 지붕을

단 차대는 곳)를 마련하고 그곳으로 출입하게끔 할 수 밖에 없다는 것이었다.

　들고보니 확실히 그러했고 왜 지금까지 그것을 깨닫지 못했는지 이상할 정도였다.

　이걸로서 폴리안나의 말대로 되었던 셈이다. '유리로 된 커다란 것으로서 지붕이 있다' 바로 그대로이며 요컨대 폴리안나는 완전히 완성된 것을 미리 보고 있던 것이었다.

　이런 예로서 알 수 있듯이 폴리안나라는 사배령은 교령회의 석상에서 본인의 전혀 모르는 일을 실로 정확히 알아맞춘다. 또한 마그레거 여사의 병 진단은 백발백중이었다.

　예를 들어 나의 친지가 내장의 수술을 받게 되어 있었던 그 2주일 전에 여사를 방문하여 교령회를 신청했다. 그 시점에선 이미 수술을 받기로 하고 만반의 준비를 갖추고 있었다. 그런데 여사는,

　"별로 수술할 것도 없으므로 수술은 하지 않게 되겠지요." 라고 했다.

　그러나 예약을 하고 있는 일이라서 수술 전날에 입원하여 최종적인 진찰을 받았다. 그런데 의사는,

　"어쩐 셈일까요? 깨끗이 나은 것 같으니 수술할 필요 없습니다."

고 말했던 것이었다.

　이상 마르레거 여사의 영능을 나타내는 예를 들었지만, 이런 예, 즉 예언되었을 때는 설마인가 싶고 절대로 그렇게 될리가 없다고 확신한 일이라든가 그 시점에서 알 턱이 없는 일 등을 참으로 정확히 알아맞춘 것을 나는 수많이 알고 있다.

　그리고 내가 아는 한 단 한번도 틀린 일이 없었다.

내가 생각컨대 이것은 여사의 예지 능력의 우수함을 말해주는 것임은 물론이지만, 여사 자신이 갖고 태어난 의식의 수준과 성의가 크나큰 기반이 되어 있다고 생각한다.

여사는 자기의 능력을 잘 알고 있다. 즉 자기는 무엇이 장기이고 어떤 배후령이 붙어 있으며 이런 때는 이렇게 하면 된다, 이래서는 안된다 하는 점을 잘 이해하고 있다.

실은 이것이 영능자로서 가장 중요한 일이다. 왜냐하면 영능자라는 것은 자기라는 영매를 통해 어떠한 영이 교신하는가, 또한 어떤 난제가 제출되는가 예상도 못하는 것이므로 그것에 대처해 가자면 자기 자신과 자기의 능력을 정확히 이해하고 겸허한 태도로 임하는 것이 무엇보다 중요한 것이다.

제15장   스피리튜얼리즘의 광명

　심령 현상을 연구해서 무엇이 되는가? 영능을 개발하여 무슨 쓸모가 있다는 것인가? 많은 사람들이 이와 같은 질문을 한다.
　모두 스피리튜얼리즘이라는 것을 모르는 사람들 뿐이다.
　이것에 대해 나는 다년간의 경험에 의거하여 자신감을 갖고서 대답한다. 스피리튜얼리즘이야말로 무지로부터 깨달음에로, 암흑으로부터 광명에로 이끌어 주는 최고의 인생 지침이라고.
　무엇이 쓸모 있다 하여도 이세상에 스피리튜얼리즘만큼 도움이 되는 것이 또 있을까? 생각해 보십시오.
　사후에도 훌륭한 세계가 있고, 그리운 육친이나 친지가 자기가 오는 것을 기다려 준다.
　단 하나인 이 사실을 알 뿐이라도 사는 의욕을 줄 뿐아니라 성격 형성의 점에서도 종래와는 전혀 다른 차원에로 이끌어 준다. 타인에의 배려도 영원한 생명이라는 사실로부터 절로 우러나온다.
　물론 종래의 종교도 내세의 신앙을 설교한다. 그러나 태어나면서 신앙심을 갖고 있는 사람이 극히 적다. 대부분의 사람은 거의 신앙심을 갖고 있지 않다고 해도 좋다.
　믿는다고 하는 것은 훌륭한 덕성(德性)이다. 누구나 의심하기 보다는 믿고 싶다. 그러나 순순히 믿어지지 않는 사람은 어떻게 하면 좋을까. 천성으로 신앙심이 엷은 사람은 어떻게 하면 좋은가. 그러한 사람은 지식과 이성에 의해 신앙에의 길을 개척할 수밖에 없다. 그것이 다름아닌 스피리튜얼리즘인 것이다.

지식을 토대로 한 신앙은 이미 신앙이라고 할 수 없다고 하실 분이 있을지 모른다.

그러나 다만 믿으라는 식의 신앙심은 현대인에게 통용되지 않는다. 고난을 이겨내고 슬픔을 견뎌내며 비극에도 좌절하지 않고서 살아 남기 위해서는 지식을 토대로 한 바위와 같은 부동의 신앙이야말로 필요하다.

스스로의 신념에 의해 맹세하고 혹은 목사 앞에서 신에의 절대적인 신앙을 맹세한 자가 육친의 죽음에 직면하면 이성을 잃고 신앙의 전부를 잃고만 것을 나는 수없이 알고 있다. 그러한 사람들이 이번에는 스피리튜얼리즘에 의해 다시 광명을 찾아내고 실제로 타계한 그런 육친과의 교령에 의해 위안과 사는 보람을 되찾고 있다.

이는 그야말로 실제의 지식에 의해 신앙을 확고한 것으로 만들었던 셈으로서, 신앙이라는 것도 사실에 바탕이 된 것이 아니면 정말로 사람을 구할 힘이 없음을 나타낸다고 보아도 좋으리라.

나는 이리하여 교령회를 통해 타계한 육친, 친척과 접촉하고 위안과 지도를 얻는 일이야말로 논리적으로, 또 실제적으로 주 예수의 발자취를 일상생활에서 실천하는 일이라고 믿는 것이다.

이제까지 나의 교령회에 출석한 수많은 사람 중에는 크리스찬도 있는가 하면 무신론자도 있고 불가지론자(不可知論者)도 있다.

그러나 그 사람들은 영의 존재라는 엄연한 사실을 앞에 두고 홀연 자기의 잘못을 깨닫고 피터를 통해 이제부터는 다시 태어났다는 심정으로 인생을 새출발하고 싶다. 그러기 위해 무언가 절대적인 지침, 인간 문제를 푸는 방정식과 같은 것은 없느냐고 묻는다.

그러나 돌아오는 대답은 언제나 같다.

"인류에겐 이미 유일무이의 절대적 지침을 내리고 있다. 신약성서가 바로 그것이다. 예수의 발자취를 따르고 그 행위와 말을 잘 읽고 되도록 그것을 일상에서 실천하는 일이다. 삼위일체이니 처녀잉태니 하는 꽤 까다롭고 신비적인 문제는 아무래도 좋다. 예수의 가르침은 단 하나 —— 서로 사랑하고 자기가 원하는 것을 남에게 베풀라 —— 이것이 전부이다".

심령의 지도자에겐 곧잘 사령(邪靈)에 속지 말라는 주의를 하고 있다. 영은 방심할 수 없다. 자칫하면 몸짓, 손짓, 목소리까지 흉내내며 육친이나 친지라며 나타난다.

영의 세계에선 타인의 지상 경력이나 참석자와의 관계 등을 간단히 조사할 수 있으므로, 그것을 지적하면 인간은 고스란히 믿어버리고 영의 좋은 밥이 된다고.

이러한 주의를 읽게 되면 나는 그만 쓴웃음을 짓게 된다. 나도 다년간 영매로써 영계와의 중개역이 되고 몇 천 몇 만이라 하는 영에게 몸을 내맡겨 왔지만, 한번도 악령이나 사령의 무리에 속은 적은 없다.

'열매로서 그 나무를 안다'는 속담 그대로, 영이 하는 말을 잘 주의해서 듣고 있으면 어떠한 영인지 대강은 짐작이 될 것이다.

일찌기 내가 받은 통신 중에서 참석자에게 있어 쓸모가 없든가 해를 끼치는 듯한 결과를 가져오든가 하는 일은 단 한번도 없었다.

물론 나의 척도(尺度)를 모든 영매에 적용시킨다면 곤란하다. 바른 지식을 몸에 지니고 충분한 수양을 쌓은 진지한 영매에만 해당되는 일로서 일종의 정신 이상자 부류에 들어가는, 흔히 말하는 '머리만 굽신하는'의 영매는 별도이다.

나는 이제까지 정신병원을 방문한 경험도 있고 그와 같은 시설에 근무하고 있는 기특한 친구가 둘이나 있다. 그 두명의 친구로부터 들은 이야기나 내 자신의 관찰, 그리고 이 방면의 과거 자료를 검토한 결과 아무래도 정신병이 되는 타입은 무언가의 종교나 신앙에 미치는 사람으로서 심령학이나 교령회라는 것을 전혀 모르는 사람임을 알았다. 이것을 바꾸어 말한다면 심령적인 것에 관해 무엇하나 공부를 하지 않고 바른 지식을 갖지 못했다는 것이 된다.

조금이라도 심령학을 배우고 영매 현상에 관해 바른 기초 지식을 몸에 지니고 있다면, 결코 정신병원에 보내지는 일은 없었을 터이다.

나는 흔히 이런 질문을 받는다. 지상 생활의 고생이나 비극을 보고 영계의 육친이나 친척이 과연 태연히 있을 수 있겠느냐고.

걱정할 것은 없다. 그들에겐 선견지명이 있다. 지상의 고생도 슬픔도 불과 일순(一瞬)의 것임을 내다보고 있는 것이다. 그렇다고 부질없이 방관하고 있는 것은 아니다.
　고생이나 비극의 물결 그대로 몸을 내맡기는 것을 바라고 있는 것은 아니다.
　그것에 이기고자 노력하고 그 체험을 통하여 타인의 입장에 서서 사물을 생각하는 것을 안다. 즉 '사랑'을 깨닫고 영계의 동료가 되어 주기를 빌고 있는 것이다.

역자의 말

이 책은 스피리튜얼리즘의 고전적 명저로써 알려져 있는 《두 세계에 걸친 생활》중에서 영능 양성에 관한 부분을 번역한 것이다.

실은 지금부터 반세기쯤 전에 같은 것을 일본에 있어서의 스피리튜얼리즘의 선구자 '아사노 가즈사부로'씨가《영능양성법》이라는 제목으로 출판하여 크게 환영을 받았다. 그러나 당시의 시대적 배경, 즉 구미의 스피리튜얼리즘 사상의 도입을 아사노씨 혼자서 고군분투해야 되었던 사정아래 씨의 다른 역서 예를 들어 마이어스의《영원한 대도》며 모제스의《영혼》과 마찬가지로 이책 역시 부분 번역에 그친 것이었다.

아무튼 그 뒤 반세기가 지나고 심령학 지식도 보급되었으며, 그것과 더불어 정통적인 영매나 초능력자의 출현을 기다리고 있는 오늘날, 이미 초능력으로선 만족할 수 없게 되고 그 완역을 요구하는 소리가 높다. 이 책은 그런 요망에 응한 것이다.

그리고 그밖의 서적, 특히 미국의 여성 초능력자 루스·베르티의《영적의식의 개발》과 그 부군인 버트 베르티의《심령치료법의 실제와 이론》에서 상당 부분을 인용하여 살을 붙였다.

역자의 눈으로서는 레날드 여사의 양성서 만으로선 완역해도 아직 아쉽다고 생각되었기 때문이다.

심령 능력의 개발은 등산에 비유할 수가 있다. 1971년 10월 신문에서 읽은 실화이지만, 등산을 좋아하는 노부부가 어느 날 등산한 채 하산 예정일이 지나도 돌아오지 않으므로 혹시 조난한 것은… 하고 큰 소동이 벌어졌다.

그런데 그 이튿날 그 노부부는 태연히 원기있는 모습으로 산을 내려 왔다. 들으니 어떤 루트의 표식이 없어져 있기 때문에 길을 잃고 저녁의 어둠도 닥쳐 왔으므로 초조해서는 안된다고 자중하고 소나무 아래 바람이 닿지않는 곳에서 노숙했다고 한다.

식량도 의류도 충분히 갖추고 있었으므로 조금도 불안이 없었고 두사람 모두 깊이 잠잘 수 있었다고 한다.

초능력의 개발에 있어서도 이것과 비슷한 냉정한 마음가짐이 중요하다. 즉 십이분의 심령적 지식과 정신의 단련이다.

거꾸로 표현을 한다면 반 밖에 모르면서 하나를 아는 듯한 건방진 태도와 안이한 호기심이 가장 무섭다. 그것은 비유한다면 평상복의 가벼운 마음으로서 산에 오르는 것과 같다고 하리라.

그러기에 어떠한 지도서라도 반드시 정신 통일의 중요성을 첫번째로 지적한다. 이 책에 있어서도 루스 베르티 여사의 책에서 정신 통일에 관한 부분을 전부 인용했다.

순조롭게 영적 능력이 발현되고 하나의 어엿한 초능력자가 되고나서의 최대의 적은 뽐내는 마음이리라.

이것은 꼭 영적 능력에 국한된 것이 아니고 인간 생활 전반에 걸쳐 말할 수 있으리라.

역자 씀

16년간 검사생활과 형사사건 전문변호사의 경험에 근거하여 자신있게 제시하는 석방의 조건!

이렇게 하면 빨리 석방 된다

형사사건으로 수사를 받고 있는 피의자와 재판을 받고 있는 피고인이 반드시 읽어야 할 지침서!

저자약력

김주덕 /저

법무법인 태일 대표변호사
대전지검 특별수사부장검사
서울 서부지방검찰청 형사제3부장검사
서울지검 총무부장검사
서울지검 공판부장검사
대검찰청 환경과장
경희대 법과대학 교수

● 주요목차 ●

- 수사받을 때는 이렇게 하라
- 이렇게 하면 구속되지 않는다
- 재판받는 요령을 배워라
- 보석/구속적부심/집행유예로 나가는 법
- 특별수사에서 살아남기
- 교도소에서 살아남기
- 유능한 변호사와 무능한 변호사

특별수록 : 형사사건 관련 서식

신국판 · 값 13,900원 전국 유명서점 공급중

서음미디어 (02)2253-5292

이것이 바로 정치군인들에 의해 무참하게 판매 금지 당했던 문제의 그 소설이다!

— 한 시대의 증언자
정을병 문학의 대표작

한국판 수용소군도, 그 기막힌 이야기들

개새끼들

상 하

우리는 그들을 어떻게 심판할 것인가?

이 작품 〈개새끼들〉은 '개새끼'로서 취급을 받아도 좋을 사람들을 욕하기 위해서 쓰여진 작품이다. 우리 사회에는 언제부터인가 '개새끼' 같은 더러운 짓만을 골라 하는 속물적 인간들이 너무나 많다. 그들에게는 어떤 체면이나 국가의식 같은 것은 전혀 찾아볼 수 없으며, 다만 철저하게 무장된 몰염치한 근성만을 발견할 수 있을 따름이다.

이 땅에도 소련과 같은 수용소군도가 있었던 사실을 당신은 아십니까? 그것이 바로 악명높았던 국토건설단과 삼청교육대, 반체제 인사들을 강제 연행, 차마 인간으로서는 상상조차 할 수 없는 고통과 공포의 도가니로 몰아넣었던 인간도살장이다!

총검으로 자신의 부패를 가리며 민중에 대한 대량학살과 반체제 인사들에 대한 대규모 투옥, 안정속의 개혁이라는 간판 밑에 공포속의 침묵만을 강요했던 전두환 정권 — 그 암울했던 극한 상황속에서 그들의 하수인들에 의해 자유가 어떻게 유린되는가를 5인의 솔제니친 중 한명이었던 저항작가 정을병에 의해 비로소 파헤쳐진 한국판 수용소군도 그 실체!

"한번 해병은 영원한 해병"

지옥전선-월남전쟁터에서 부른 청룡 용사들의 마지막 노래

실록 청룡부대

李光熙/編著

실종되어 버린 월남전쟁에서 참담하게 허물어져간 젊은 육체와 영혼들의 이야기!

제1부 전선수기
제2부 전선의 시
제3부 전쟁속의 야용사이다

바로 이것은 우리들의 이야기이다
삶과 죽음의 수레바퀴속에서 용사들이 쓴 전선의 시와 전선수기 130편 수록!

월남전 전투사진 화보수록

현역, 예비역 단체주문 환영
전국 유명서점 공급중
464쪽/

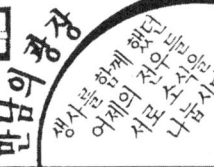

생사를 함께 했던 어제의 전우 소식은 서로 소식을 나눕시다

편저자 약력

서울에서 출생하여 서울대 문리대 국문과를 졸업. 1951년 경향신문 신춘문예에 「聖火」가 당선되어 문단에 데뷔. 그후 일본에 진출하여 「심령치료」 「심령진단」 「심령문답」 등을 저술하여 일본의 심령과학 전문 출판사인 대륙서방에서 간행하여 큰 호응을 얻었으며, 다년간 심령학을 연구함. 그후 「업」 「업장소멸」, 「영혼과 전생이야기」 「인과응보」 「초능력과 영능력개발법」 「최후의 해탈자」 「사후의 세계」 「심령의 세계」 등 심령과학시리즈 20여종 저술(서음미디어 간행)

초능력과 영능력개발법 ②

증보판 발행 : 2009년 10월 30일
발행처 : 서음미디어
등 록 : No 7-0851호
서울시 동대문구 신설동 94-60
Tel (02) 2253-5292
Fax (02) 2253-5295

저자 | 루스 베르티
편저자 | 안 동 민
기획/편집 | 이 광 희
발행인 | 이 관 희
본문편집 | 은종기획
표지 일러스트
Juya printing & Design
ISBN 978-89-91896-36-9
홈페이지 www.seoeumbook.com
E. mail seoeum@hanmail.net

*이 책은 저작권법에 의해 보호를 받는 저작물이므로 무단 전제나 복제를 금합니다.
ⓒ seoeum

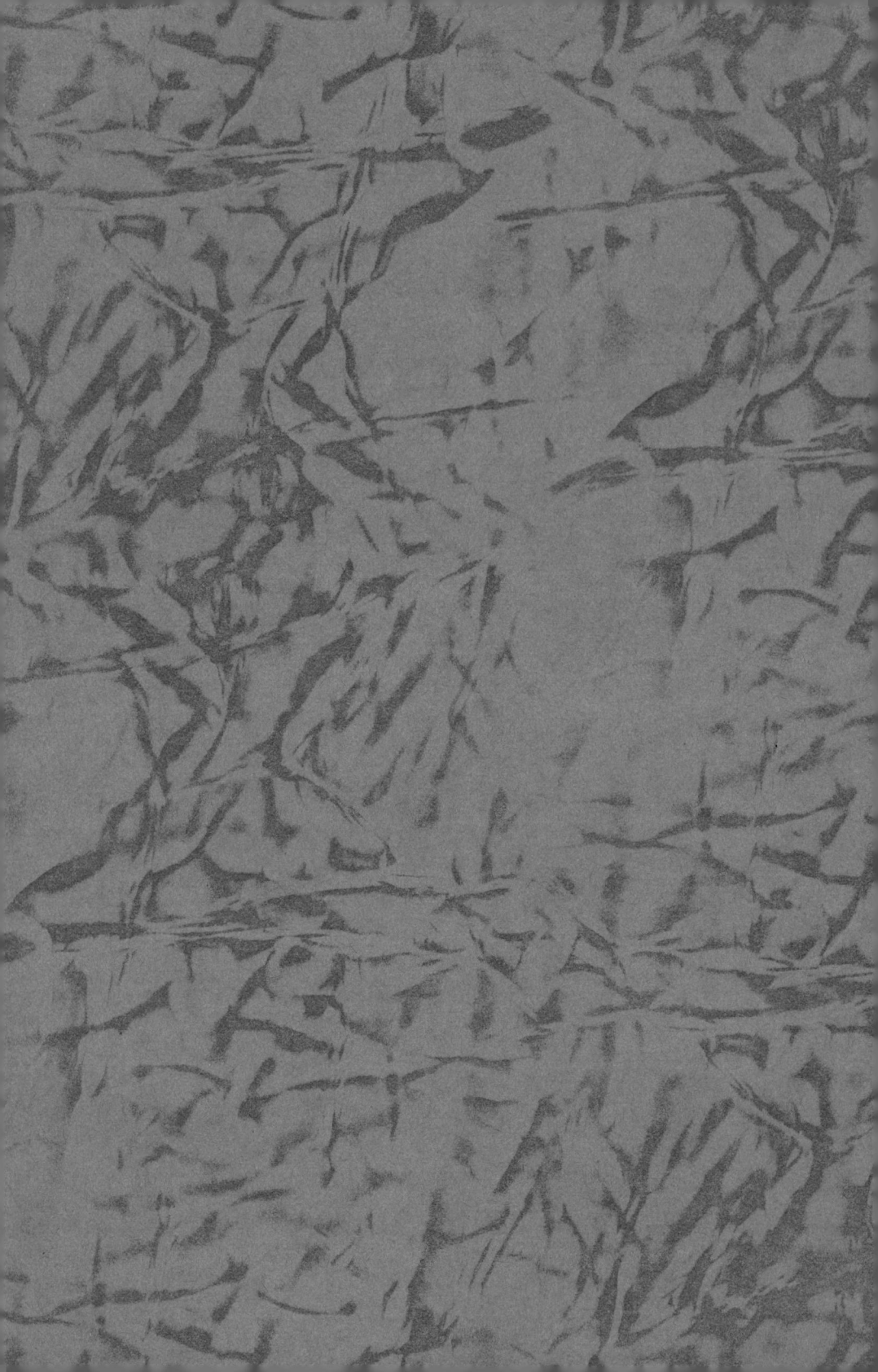